海绵城市

建设项目碳排放核算
及低碳优化

刘建林　未碧贵　著

中国建筑工业出版社

图书在版编目（CIP）数据

海绵城市建设项目碳排放核算及低碳优化 / 刘建林，未碧贵著. -- 北京 : 中国建筑工业出版社, 2025. 4.

ISBN 978-7-112-30948-1

Ⅰ. X511

中国国家版本馆 CIP 数据核字第 2025GA6385 号

在"双碳"战略的国家背景下，各行业正积极探索低碳发展之路。为厘清海绵城市建设项目的核算边界和内容，摸清碳排放底数，减少碳排放量，本书基于全生命周期视角，以海绵城市建设项目为研究对象，构建了海绵设施全生命周期碳排放核算体系及评价方法，定义了径流总量控制量碳排放强度的概念，以年径流总量控制率、全生命周期碳排放总量和全生命周期成本为目标构建了替碳建设优化模型，评估了优化潜力，并以实例开展了研究。

本书可供环境、市政和能源相关的科研人员和工程技术人员阅读，也可作为相关专业学生的参考书。

责任编辑：刘瑞霞　梁瀛元

责任校对：张惠雯

本书为黑白印刷，为提高阅读体验，提供电子版彩色图片，读者可扫码查看。

海绵城市建设项目碳排放核算及低碳优化

刘建林　未碧贵　著

*

中国建筑工业出版社出版、发行（北京海淀三里河路 9 号）

各地新华书店、建筑书店经销

国排高科（北京）人工智能科技有限公司制版

建工社（河北）印刷有限公司印刷

*

开本：787 毫米×1092 毫米　1/16　印张：10¼　字数：235 千字

2025 年 4 月第一版　　2025 年 4 月第一次印刷

定价：**58.00** 元

ISBN 978-7-112-30948-1

（44517）

序

PREFACE

　　2013年12月，习近平总书记指出："在提升城市排水系统时要优先考虑把有限的雨水留下来，优先考虑更多利用自然力量排水，建设自然积存、自然渗透、自然净化的'海绵城市'"，这一指示开启了我国海绵城市建设的新纪元；国务院办公厅《关于推进海绵城市建设的指导意见》的出台以及"十三五"期间30个海绵试点城市的建设，标志着我国的海绵城市建设步入快车道；随着"十四五"期间60个系统化全域推进海绵示范城市建设接近尾声，我国的海绵城市建设取得了显著成效，已成为引领全球城市系统性治理和可持续发展的新范式。

　　在"双碳"战略驱动城市发展深刻转型的今天，如火如荼的海绵城市建设又面临着更高的要求和新挑战——如何精确核算海绵城市建设项目碳排放量以及科学进行低碳优化已成为行业紧迫之需。刘建林团队撰写的《海绵城市建设项目碳排放核算及低碳优化》一书恰逢其时，为行业奉献了一部兼具理论前瞻性和工程指导性的参考书。

　　本书以全生命周期视角，系统构建了覆盖建设、运营到拆除阶段的全生命周期碳管理体系，并基于低碳目标进行生物滞留等设施结构优化、LID设施优化布局等研究，创新性地提出碳减排效应、径流总量控制量碳排放强度等量化指标，并通过居住小区、市政道路等实际案例分析，揭示了绿色基础设施在碳汇与碳减排中的双重价值，填补了海绵城市建设领域碳排放核算及低碳优化方面的空白。本书立足国内实践并吸纳国际前沿理论，将海绵城市建设提升至系统性碳管理的新高度。响应了住房和城乡建设部、国家发展改革委《城乡建设领域碳达峰实施方案》的具体要求，也为海绵城市建设领域落实国务院《2024—2025年节能降碳行动方案》提供了应用范例，构建了海绵城市建设项目低碳优化"定量分析驱动科学决策"的方法论体系。

初识刘建林是在 2015 年，当时他在兰州交通大学任教并在职攻读博士学位，他对"海绵城市"建设表现出极大的兴趣和热爱，他潜心研究、广泛学习并积极付诸实践，给我留下了很深很好的印象。2019 年，他加入了北京市市政工程设计研究总院有限公司，我们成为同事，现任兰州分院院长。他积极推进海绵城市建设规划设计等前期工作，凭借扎实的理论知识和丰富的实践经验，主持天水市、平凉市等多个城市海绵城市规划及实施方案的编制，担任重大海绵城市项目设计总负责人，主编多项海绵城市建设地方标准，多项设计成果入围中国海绵城市十年成就展项目典范，多次以部委专家身份参与海绵示范城市跟踪服务与年度绩效评价工作。

本书兼具学术性与工程实用性，是刘建林团队多年产学研深度融合的结晶。其研究成果为我国海绵城市建设碳排放核算和低碳优化提供了科学依据。希望科研人员、工程技术人员及相关专业学生等可从中汲取智慧、得到借鉴。相信本书的理论成果能加速转化为各地方实践，推动城市向更低碳、更韧性转型，让海绵城市建设在"双碳"战略背景下再创新辉煌。

全国工程勘察设计大师 张韵

2025 年暮春于北京

前　言

FORWORD

在全球气候变化的背景下，由温室气体排放引发的环境问题构成了人类社会可持续发展所面临的重大挑战。研究指出，近几十年来，全球平均气温持续攀升，冰川融化速度加快，海平面不断升高，这些变化不仅对沿海城市的安全构成威胁，也对全球生态系统的平衡与稳定产生了深远的影响。据统计，2023 年全球温室气体排放量达到了创纪录的 571 亿吨，较 2022 年增长了 1.3%。因此，采取有力措施减少温室气体排放已成为全球共识。2020 年 9 月，习近平主席在第七十五届联合国大会一般性辩论上发表重要讲话，向国际社会庄严承诺，中国力争于 2030 年前实现二氧化碳排放峰值，并努力于 2060 年前达成碳中和目标。这是我国推动绿色发展、构建人与自然生命共同体的重大战略决策。为实现上述目标，我国各行业积极行动，致力于探索低碳发展的路径。海绵城市建设项目作为雨洪控制的重要手段，是城市雨水系统不可或缺的组成部分。在项目的建设与运维过程中，材料的使用和能源的消耗将产生不可忽视的温室气体。然而，绿色基础设施的建设同样具有碳汇功能，雨水利用、峰值削减等还可减少雨水系统的碳排放。基于此，本书对海绵城市建设项目的碳排放核算及低碳优化进行了较为系统的研究。

本书共分为 12 章。第 1 章为绪论，主要介绍碳排放相关理论知识以及海绵城市的内涵。第 2～4 章针对当前核算边界和核算范围不统一的问题，构建了海绵设施全生命周期碳排放核算体系，定义了碳减排效应、碳减排效益和低碳建设优化潜力等概念；并以居住小区为例进行了碳排放核算。第 5～7 章以碳排放强度为评价指标，选取 LID 设施（以生物滞留设施为例）、居住小区和市政道路的 LID 布局为研究对象，通过单因素法、正交试验法和响应面法进行了低碳优化和评价。第 8～12 章以年径流总量控制率、全生命周期碳排放量和全生命周期成本为目标，构建了海绵城市建设项目多目标优化模型，分别以新（改）建居住小区和新（改）建市政道路为例，采用 NSGA-Ⅱ算法耦合 SWMM 模型求解，计算得到帕累托最优解集，并通过赋权-TOPSIS 法遴选出相应权重体系的最优解，最后进行了碳减排和低碳建设优化潜力分析。

本书系北京市市政工程设计研究总院有限公司和兰州交通大学城市水系统与节水科研团队长期合作研究的成果，由刘建林与未碧贵任主编。参与本书编写的人员还有张婷婷、王德淇、刘学峰、李欢、高守有、杨京生、陈海、李伟、郭芳山、曹连宝、王浩亮、徐振东、马正慧、周子刚、陈敏茹、闫玉慧、郑航海、高素霞等人。

本书的完成得益于甘肃省建设科技攻关项目（JK2023-18）、甘肃省教育厅：高校科研创新平台重大培育项目（2024CXPT-14）、甘肃省教育厅：产业支撑计划项目（2025CYZC-02）的资助，同时受到了隋军研究员的悉心指导，在此一并表示感谢。

限于作者的研究水平，疏漏及不妥在所难免，恳请广大同仁批评指正。

目　录
CONTENTS

第 1 章　绪　　论 /1

1.1　碳排放理论 ··· 2
1.2　碳排放核算 ··· 6
1.3　海绵城市的内涵与发展 ································· 7

第 2 章　海绵城市建设项目全生命周期碳排放核算与评价方法 /9

2.1　海绵设施全生命周期碳排放核算体系 ··········· 10
2.2　海绵城市建设项目全生命周期碳排放活动 ······ 10
2.3　海绵城市建设项目碳排放量核算公式 ············ 12
2.4　海绵城市建设项目全生命周期碳排放评价 ······ 20

第 3 章　新建居住小区海绵化建设项目碳排放核算与分析 /27

3.1　研究区概况及建设方案 ······························· 28
3.2　碳排放核算 ··· 28
3.3　碳排放分析 ··· 33

第 4 章　改建居住小区海绵化建设碳排放核算与分析 /41

4.1　研究区概况及改造方案 ······························· 42
4.2　碳排放核算 ··· 42
4.3　碳排放分析 ··· 45
4.4　新建和改建海绵化小区碳排放比较研究 ········· 48
4.5　碳减排策略研究 ·· 49

第 5 章　生物滞留设施的碳排放强度及优化 /51

5.1　研究区域概况 ··· 52
5.2　实验设计 ··· 52
5.3　单因素实验结果与分析 ································· 53

5.4　正交实验结果与分析 ·· 56

5.5　年径流总量控制率与碳排放强度的关系分析 ··············· 57

5.6　全生命周期成本与生物滞留设施性能、碳排放的关系 ··········· 58

第6章　基于碳排放强度的居住小区 LID 设施优化布置 /61

6.1　LID 设施组合优化布置模型 ·· 62

6.2　模型构建 ··· 63

6.3　响应面法优化设计 ·· 64

6.4　单一 LID 设施研究 ··· 64

6.5　LID 设施组合布设规模的优化 ·· 68

6.6　讨论与展望 ·· 74

第7章　基于碳排放强度的市政道路 LID 设施优化布置 /77

7.1　研究道路概况 ·· 78

7.2　模型构建 ··· 78

7.3　情景模拟 ··· 79

7.4　结果与讨论 ·· 81

第8章　海绵城市低碳建设的多目标优化模型 /87

8.1　多目标优化模型 ··· 88

8.2　赋权-TOPSIS 法选择最优解集 ·· 90

8.3　基于碳交易额方案投资总额计算方法 ································· 91

第9章　基于多目标优化的新建居住小区海绵化低碳建设 /93

9.1　雨水径流模型构建 ·· 94

9.2　多目标优化 ·· 96

9.3　最优解集的选择 ··· 97

9.4　最优解集结果与分析 ·· 98

9.5　基于碳交易额的最优低碳方案选择 ··································· 103

9.6　碳减排分析 ··· 104

9.7　低碳建设优化潜力 ··· 105

第10章　基于多目标优化的改建居住小区海绵化低碳建设 /109

10.1　雨水径流模型构建 ·· 110

10.2　多目标优化 ……………………………………………… 111

10.3　最优解集的选择 …………………………………………… 112

10.4　最优解集结果分析 ………………………………………… 113

10.5　基于碳交易额的最优低碳方案选择 ……………………… 117

10.6　碳减排分析 ………………………………………………… 117

10.7　低碳建设优化潜力分析 …………………………………… 119

第 11 章　基于多目标优化的新建市政道路海绵化低碳建设 /123

11.1　雨水径流模型构建 ………………………………………… 124

11.2　多目标优化 ………………………………………………… 125

11.3　最优解集的选择 …………………………………………… 126

11.4　最优解集结果分析 ………………………………………… 127

11.5　基于碳交易额的最优低碳方案选择 ……………………… 130

11.6　碳减排分析 ………………………………………………… 130

11.7　低碳建设优化潜力分析 …………………………………… 131

第 12 章　基于多目标优化的改建市政道路海绵化低碳建设 /135

12.1　雨水径流模型构建 ………………………………………… 136

12.2　多目标优化 ………………………………………………… 137

12.3　最优解集的选择 …………………………………………… 138

12.4　最优解集结果分析 ………………………………………… 138

12.5　基于碳交易额的最优低碳方案选择 ……………………… 141

12.6　碳减排分析 ………………………………………………… 142

12.7　低碳建设优化潜力分析 …………………………………… 143

附录　天水市概况 /147

参考文献 /150

第 1 章

绪　　论

1.1 碳排放理论

1.1.1 温室效应

温室效应是指地球大气中温室气体（主要是 CO_2）吸收并重新辐射地表释放的红外热能，从而导致地球表面和近地层大气温度升高的物理过程。太阳辐射以短波形式进入地球大气层，其中大部分被地表吸收并转化为热能，而地表随后以长波红外辐射的形式释放热能。温室气体对这种长波辐射具有高吸收性，会截留热量并将其重新辐射回地表，使得地表能量得以保留，从而抑制热量向外空间散失。自然状态下的温室效应能使地球温度稳定，使其适合生物存续，但由于人类活动导致温室气体浓度增大，该效应被进一步强化，进而引发全球气候变暖。

在过去 5 亿年中，地球大气中的 CO_2 浓度经历了显著的变化，这些变化与全球气温密切相关，如图 1.1 所示[1]。在显生宙时期（约 5.7 亿年前至今），全球平均表面温度与 CO_2 浓度呈显著的正相关关系，尤其在新生代，这种相关性更为明显。

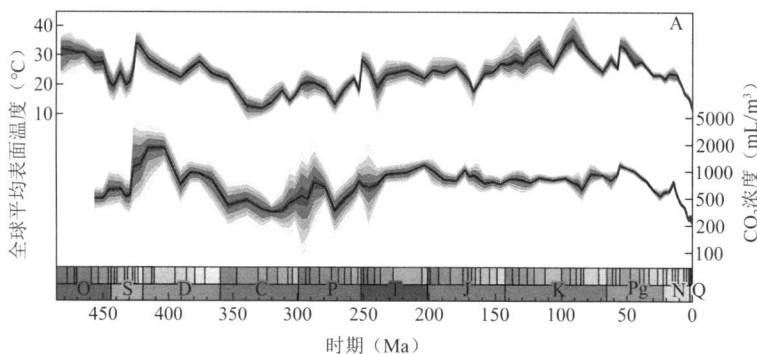

图 1.1 全球平均表面温度和大气 CO_2 浓度在历史上的分布

自第一次工业革命以来，由于人类活动的影响，大气中的 CO_2 浓度以极快的速度增长。从 1750 年的 $280mL/m^3$ 增加到 2021 年的 $414.72mL/m^3$，并且从 2010 年开始以每年 $2.4mL/m^3$ 的速度增长，增长率约为 0.6%，如图 1.2 所示[2]。政府间气候变化专门委员会（IPCC）指出，1995—2014 年的全球平均表面温度比 1850—1900 年的升高了 0.85℃；而 2011—2020 年的全球平均表面温度比 1850—1900 年的上升了 1.09℃。

1.1.2 温室气体

政府间气候变化专门委员会规定的温室气体有二氧化碳（CO_2）、甲烷（CH_4）、氧化亚氮（N_2O）、氢氟碳化物（HFC_S）、全氟化碳（PFC_S）和六氟化硫（SF_6）。二氧化碳是最主要的温室气体之一，目前大气中 CO_2 浓度约为 $420mL/m^3$，主要源于化石燃料燃烧、工业生产和土地利用变化等。甲烷在大气中的浓度约为 $1875\mu L/m^3$，其排放与天然气等能源生产运输泄漏、农业活动及垃圾填埋等有关。氧化亚氮浓度约为 $332\mu L/m^3$，主要来自农业化肥使用、工业活动等。氢氟碳化物主要用于制冷剂等领域，在大气中的浓度相对较低，但具有很高的变暖潜势。全氟化碳在半导体制造等工业中有少量排放。六氟化硫常用于电气设备等领域，大气中浓度较低。

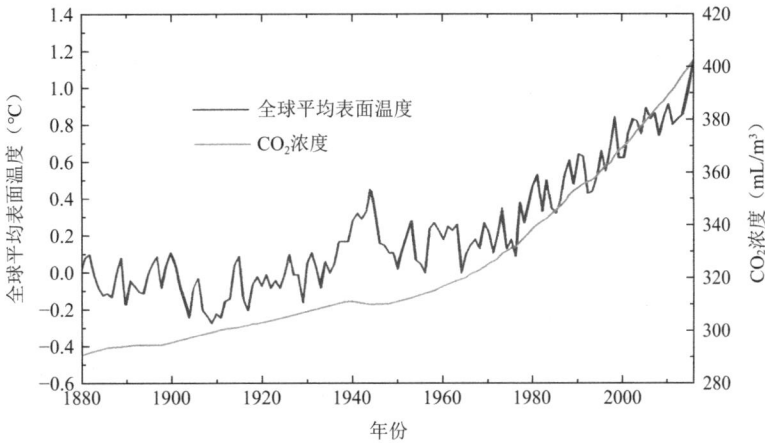

图 1.2 全球 CO_2 浓度及全球平均表面温度变化图

温室气体在大气中停留时间的差异及其在吸收并重新辐射红外热能的综合影响，用全球变暖潜势表示，其值为某一温室气体在一定时间范围内对气候变化的影响与二氧化碳的影响的比值。IPCC 评估报告给出的全球变暖潜势值如表 1.1 所示[3]。

几种温室气体全球变暖潜势值　　　　　　　　表 1.1

温室气体	全球变暖潜势值			在大气中的寿命（年）
	20 年	100 年	500 年	
CO_2	1	1	1	
CH_4	81.2	27.9	7.95	11.8
N_2O	273	273	130	109
SF_6	18200	24300	29000	1000

《排放差距报告 2024》[4]指出，2023 年全球温室气体排放总量相比 2022 年增长了 1.3%，达到 571 亿 tCO_2e，增长率高于新冠疫情前十年（2010—2019 年）的平均水平，即 0.8%，如图 1.3 所示。从 20 世纪 70 年代初到 2022 年，CO_2、CH_4 和 N_2O 的排放量始终呈现持续增长的趋势，如图 1.4 所示。在这三种气体中，CO_2 是造成气候变化的主要因素，其占总排放量的比例高达 73.5%。2000 年以后，CO_2 的排放量更是出现了极为明显的增长，这主要是由于发展中国家的快速经济增长和工业化进程的推动。其次，交通运输活动的不断增加以及低效的运输方式也在很大程度上促进了温室气体的排放增长。此外，农业活动以及土地利用的变化也是甲烷和二氧化碳排放增加的重要原因。全球经济和社会因素、监管措施不足以及可持续能源转型进展缓慢也加剧了这一趋势。2023 年，CH_4 和 N_2O 分别占总排放量的 21.5%和 4.9%，虽然它们的占比相对较低，但也处于不断上升的状态，只是增长的速度相对较为缓慢。2020 年由于新冠疫情的影响，CO_2 的排放量曾出现过暂时的减少。

然而，在 2021 年和 2022 年，二氧化碳的排放又出现了新的增长趋势[5]。氢氟碳化物自替代消耗臭氧层物质后，其排放量逐渐增大，但随着国际社会相关减排措施的出台，其排放增长趋势有望得到遏制。全氟化碳因铝冶炼等工业生产而排放，过去排放量随相关产业发展而上升，目前行业正采取措施减排。六氟化硫主要源于电力行业，随着电力行业发展其排放量逐渐增加，不过当下电力行业也在通过管理和技术手段控制其排放。

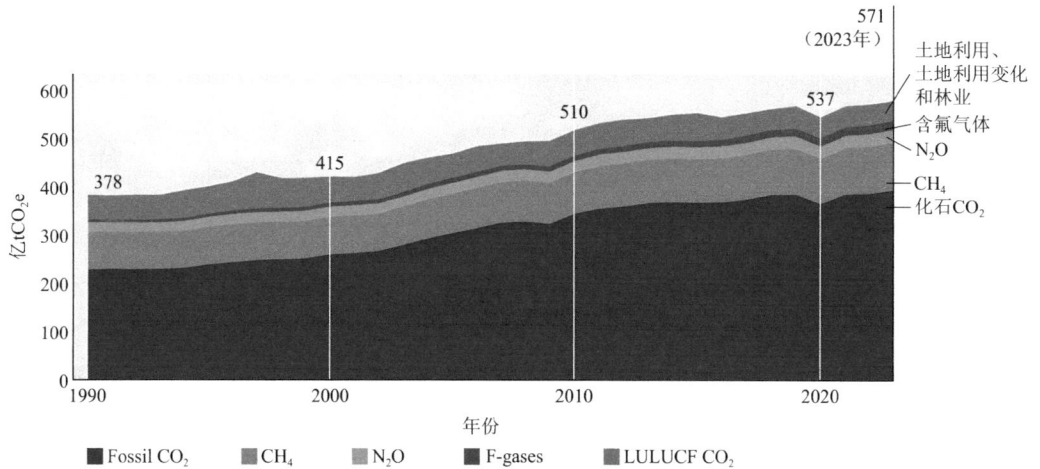

图 1.3　世界总温室气体排放

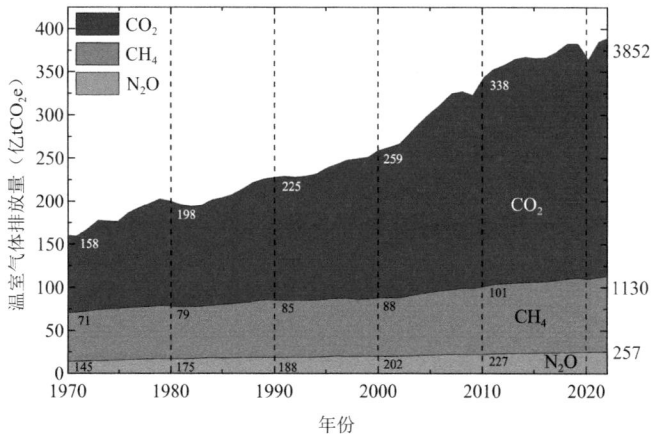

图 1.4　1970—2022 年的温室气体排放量变化

1.1.3　碳排放

碳排放是指二氧化碳和其他温室气体的排放，是温室气体排放的简称[6]。

《排放差距报告 2024》指出，2023 年全球主要的碳排放行业及其排放量如图 1.5 所示[4]，总排放量为 571 亿 tCO_2e。其中，电力行业是最大的排放源，排放量达 151 亿 tCO_2e，占整体排放的 26%。交通运输业，主要是大型车辆的汽车排放，排放量为 84 亿 tCO_2e，占总排放量的 15%，在气候变化中起着关键作用。工业行业排放量为 65 亿 tCO_2e，占总排放量的 11%，凸显了工业活动的重要性。建筑业排放 34 亿 tCO_2e，占比 6%，显示出运营的重大影响。

2023年 571 亿tCO₂e

电力：26%

能源

工业：11%

2% 航空

11% 道路

交通运输业：15%

2% 其他

建筑业：6%

3% 石油和天然气

4% 固体燃料生产

燃料生产：10%

3% 其他

3% 水泥（不包括碳化）

过程

2% 化学品

工业化学过程：10%

4% 1%金属

其他

6% 畜牧业

农业、林业和
其他土地利用
变化

农业：11%

5% 生物质燃烧、土壤
和稻米

土地利用、土地利用
变化及森林：7%

2% 固体废弃物

废弃物和其他

废弃物：4%

2% 液体废弃物

间接N₂O和化石
燃料火灾：<1%

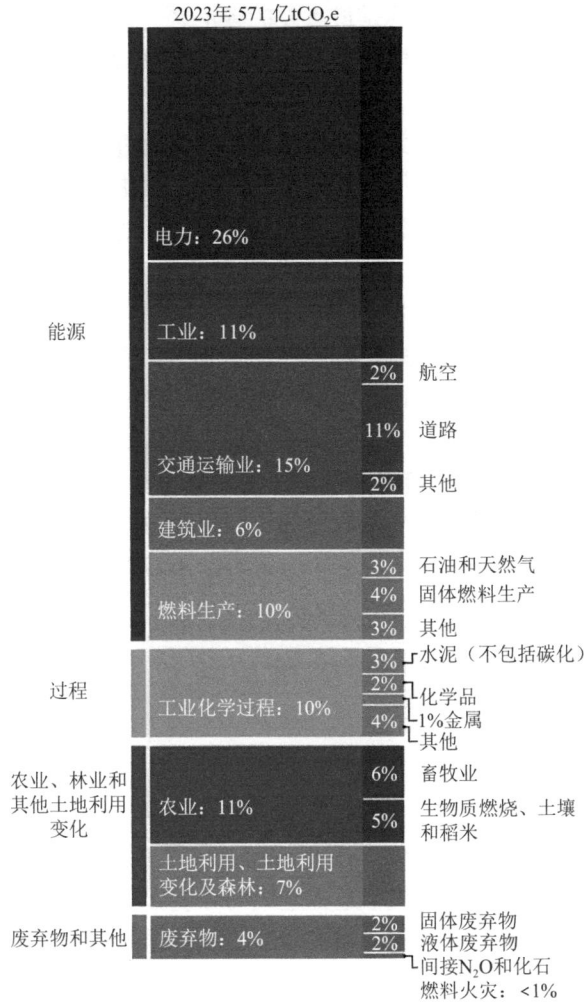

图 1.5　各行业温室气体排放的占比

1.1.4　碳源

碳源是指将温室气体、气溶胶或它们的前驱体释放到大气中的过程、活动或机制。自然碳源包括火山活动、森林火灾、动物呼吸和土壤微生物活动等，这些过程将储存在生物、土壤和水体中的碳释放到大气中。人为碳源主要有化石燃料的燃烧（如煤、石油、天然气）、工业生产、农业活动（尤其是土地利用变化和动物排放）以及垃圾处理等。

1.1.5　碳汇

碳汇是指从大气中提取二氧化碳等温室气体的过程、活动或机制。自然碳汇包括森林、海洋、湿地和土壤等，它们通过光合作用、植物吸收和土壤储碳等过程，将大气中的二氧化碳转化为有机碳并储存起来。人工碳汇则包括植树造林、农业碳管理（如有机农业和土壤碳储存技术）等措施，即通过增强碳的储存能力来降低大气中的 CO_2 浓度。以下是碳汇的主要方式：

（1）植树造林与森林管理：森林是最重要的碳汇之一，通过植树造林和森林保护（减少森林砍伐）可以增强碳的储存。植物通过光合作用吸收二氧化碳，并将其储存在植物体内（树木、草木等）及土壤中。

（2）湿地保护与恢复：湿地，尤其是沼泽地，能够通过水生植物和微生物活动储存大量的碳。恢复和保护湿地能有效增加碳的储存，减少二氧化碳释放。

（3）农业碳管理：在农业中，采用某些有利于碳储存的农业实践（如免耕农业、覆盖作物种植、轮作等）可以增加土壤中的有机碳含量。此外，通过优化施肥和灌溉等措施，能减少农业活动中温室气体的排放并提高碳储存能力。

（4）土壤碳储存：通过改善土地管理，增加土壤中有机物质的含量，增强土壤碳储存能力。常见的方法包括施用有机肥料、增加覆盖植物、控制耕作等。

（5）海洋碳汇：海洋，特别是浮游植物和海藻，是重要的碳汇。通过保护和恢复海洋生态系统（如海草床和红树林），可以增加海洋对二氧化碳的吸收和储存。

（6）城市碳汇：海绵城市的绿色基础设施（如屋顶花园、生物滞留设施等）也可以作为碳汇，尽管它们的碳储存能力通常较小，但也有助于减缓城市温室气体的积累。

1.2　碳排放核算

1.2.1　全生命周期评价

全生命周期评价（Life Cycle Assessment，简称 LCA）是一种评估和分析产品、过程或服务从原材料获取到废弃物处理的整个过程造成的环境影响的方法。它涵盖了产品的整个生命周期——从自然资源开采到原材料加工、产品制造、分销、使用，直至最终废弃处置或回收再利用。

LCA 作为一种被称为"从摇篮到坟墓"的新型环境影响评价技术和方法体系，理论上应考虑全生命周期的各个阶段。"摇篮"指起点，即材料生产阶段，"坟墓"则指终点，即报废处置阶段。使用 LCA 能够有效评估材料或者产品整个生命周期内能源的消耗和对环境的影响，有利于帮助决策者选择最环保的项目或材料，并以此来确定已建项目是否能够实现可持续的收益。

1.2.2　核算方法

碳排放核算方法指的是用于量化和评估温室气体排放量的一套系统性规则和技术手段。主要可以概括为三种：排放因子法、质量平衡法、实测法。

（1）排放因子法：适用范围最广、应用最为普遍的一种碳核算方法。根据活动水平数据（如能源消费量、原材料使用量等）和相应的排放因子来计算排放量。

（2）质量平衡法：根据每年用于国家生产生活的新化学物质和设备，计算为满足新设备能力或替换去除气体而消耗的新化学物质的份额。

（3）实测法：基于排放源实测基础数据，汇总得到相关碳排放量。该方法包括两种实测方法，即现场测量和非现场测量。现场测量一般是在烟气排放连续监测系统中搭载碳排放监测模块，通过连续监测浓度和流速直接测量其排放量；非现场测量是通过采集样品送到有关监测部门，利用专门的检测设备和技术进行定量分析。

1.2.3 活动数据

碳排放核算的活动数据指的是用于计算和评估碳排放量的基础数据，这些数据反映了某一特定活动或过程的具体行为或产出。活动数据通常包括能源消耗、交通运输、工业生产、农业活动等方面的量化数据，例如：用电量、燃料使用量、生产数量、运输距离、土地使用变化等。这些数据与排放因子相结合，能够估算出某一活动或行业产生的温室气体排放量。准确的活动数据是碳排放核算的基础，有助于评估企业、地区或国家的碳足迹，并为制定减排措施提供依据。

1.2.4 核算边界

碳排放核算边界是指在碳排放核算过程中所确定的排放源的范围和界限。包括组织边界和运营边界。组织边界用于确定哪些经济实体的碳排放应纳入核算，可通过股权比例法或控制权法确定，从企业组织结构角度明确核算主体范围。

1.2.5 核算范围

根据 IPCC 的报告，碳排放的核算范围包括三类，即范围 1（Scope 1）、范围 2（Scope 2）和范围 3（Scope 3）。范围 1 指直接排放，包括组织控制下的燃料燃烧、工业过程和公司车辆的排放；范围 2 是源于购买的电力、热力和蒸汽的间接排放；范围 3 则涵盖其他间接排放，如供应链上游和下游的活动，包括采购、物流、员工通勤和产品使用所产生的排放等。这种分类方法为企业和国家提供了一个系统化的框架，用于全面评估温室气体排放，促进减排目标的实现。

1.3　海绵城市的内涵与发展

海绵城市是立足中国新型城镇化发展需求，在系统整合美国低影响开发（LID）、英国可持续排水系统（SUDS）、澳大利亚水敏感城市设计（WSUD）等国际经验基础上，提出的具有中国特色的城市水生态治理创新范式。其核心要义在于构建"自然积存、自然渗透、自然净化"的生态治理体系，实现从传统工程治水向生态治水的认知跃迁，重构人水和谐的可持续发展格局。

1.3.1 理论体系建构历程

2013 年中央城镇化工作会议首次提出海绵城市理念，确立"遵循自然、系统治理"的顶层设计原则，标志着中国城市雨洪管理进入新纪元。2014 年《海绵城市建设技术指南》的出台，系统构建了以年径流总量控制率为核心的量化指标体系，创新性地提出"渗、滞、蓄、净、用、排"六字方针,形成技术实施路径。2015年国务院指导意见的颁布,推动治理模式实现"三个转变":从末端快排转向源头减排—过程控制—系统治理的系统治理,从灰色基础设施主导转向蓝绿灰协同的复合系统,从单一工程措施转向多目标协同的生态系统服务。

1.3.2　实践探索进阶之路

试点培育期(2015—2020年)通过三批30个国家级试点城市,探索形成"政府主导、多元共治"的治理机制,创新"海绵+"融合模式,在45%的老旧小区改造中集成海绵设施。系统深化期(2021—2025年)扩展至90个系统化全域推进海绵城市建设示范城市,构建起覆盖规划—建设—管理—评估的全过程技术框架体系,制定7大类32项技术标准,其中《海绵城市建设评价标准》GB/T 51345—2018成为全球首个国家强制标准,建立包含28项指标的动态监测平台,实现80%示范城市实时监管。

1.3.3　创新成果与全球贡献

经过十年实践,中国海绵城市建设取得体系化突破:全国89%地级市完成专项规划编制,构建"过程监测 + 效果评估"双轨制考核体系。更通过主导制定ISO《海绵城市建设指南》国际标准,为发展中国家提供"低成本、高效益"的系统解决方案。这种将传统治水智慧与现代工程技术深度融合的"中国范式",不仅使城市内涝防治标准普遍提升,更重新定义了现代城市可持续发展的内涵,为全球城市韧性建设贡献东方智慧。

这一创新实践深刻诠释了生态文明建设的方法论:通过空间格局优化重构城市水循环系统,运用生态系统服务功能提升环境承载力,借助制度创新激发多元主体协同效能,最终实现城市发展与自然演进的动态平衡。当前,海绵城市理念已延伸出"海绵+"城市更新、韧性城市、气候适应、生物多样性保护等创新维度,持续引领全球可持续城市治理的发展与变革。

第 2 章

海绵城市建设项目全生命周期
碳排放核算与评价方法

2.1 海绵设施全生命周期碳排放核算体系

2.1.1 阶段划分

在海绵城市建设项目碳排放核算系统中，海绵设施和雨水管渠的建设、运行维护、拆除回收等过程消耗各种能源和资源并向外界排放温室气体，在运行和回收阶段产生碳汇，各过程排放的温室气体总量减去碳汇总量就得到海绵城市建设项目全生命周期过程的全部碳排放量。为确保海绵城市建设项目碳排放核算的全面性，本书从全生命周期的角度出发，将海绵城市建设项目碳排放分为建设阶段、运行维护阶段和拆除回收阶段，如图2.1所示。

图 2.1　海绵城市全生命周期阶段划分

2.1.2 核算边界

雨水经源头绿色减排设施被滞蓄净化利用，超标雨水经雨水管渠系统运输至自然河湖水系或污水处理厂处理。海绵设施的核算边界分为物理边界和时间边界两部分。物理边界从雨水源头减排设施开始，经由运输设施，再到末端集中设施，最后排入自然水体，涵盖从雨水径流的产生到末端排放的过程。时间边界采用全生命周期方法中的"从摇篮到坟墓"分析雨水系统从排入到排出全过程的不同阶段，包括建设、运行维护、拆除回收。

2.2 海绵城市建设项目全生命周期碳排放活动

海绵城市的全生命周期可以分为建设、运行维护和拆除回收三个阶段。每个阶段与碳排放相关的活动有：

（1）建设阶段

该阶段包括海绵设施和雨水管渠的材料生产、运输和建造。

1）材料生产阶段。该阶段的碳排放主要来源于海绵设施建筑材料的开采、生产和加工过程。

2）材料运输阶段。该阶段的碳排放主要来源于建材装载、运输、卸载过程中起重、运输机械消耗的能源。

3）建造阶段。该阶段的碳排放主要来源于现场施工过程中的人工、材料、机械消耗。由于人工产生的碳排放计算复杂且相对于其他活动产生的碳排放相对很小，所以可忽略不计。

（2）运行维护阶段

该阶段包括海绵设施、雨水管渠及泵站的运行、维护。

1）运行阶段。该阶段的碳排放主要来源于海绵设施运行期间污染物的降解，包括泵站在内的设备运行电耗，以及有绿植的海绵设施产生的碳汇。

2）维护阶段。该阶段的碳排放主要来源于海绵设施、雨水管渠及泵站的维护电耗和对植物管理养护的能耗、药耗。

（3）拆除回收阶段

1）拆除阶段。该阶段的碳排放主要来源于拆除机械运行所消耗的能源、材料废弃物运输和处理消耗的能源。

2）回收阶段。材料回收循环利用所"抵消"的碳排放。

按照《温室气体核算体系》的范围划分和"Greenhouse gases—Part 1: Specification with guidance at the organization level for quantification and reporting of greenhouse gas emission and removals"（温室气体 第一部分：组织层级温室气体排放和去除的量化和报告指南）的类型划分，海绵城市温室气体排放活动见表 2.1。

海绵城市温室气体排放活动   表 2.1

范围（《温室气体核算体系》）	类型（ISO 14064-1:2018）	建设阶段			运行维护阶段		拆除回收阶段	
		材料生产阶段	材料运输阶段	建造阶段	运行阶段	维护阶段	拆除阶段	回收阶段
范围 1	直接碳排放	全生命期各阶段现场消耗的煤、油、气能源导致的温室气体排放						
					雨水湿地和生物滞留设施的温室气体排放			
	碳汇				绿色屋顶、生物滞留设施、植草沟、下沉式普通绿地等绿地固碳			
范围 2	间接温室气体排放-电力和热力消耗	全生命期各阶段现场消耗的电力和热力导致的温室气体排放						
范围 3	其他间接温室气体排放	消耗的材料导致的温室气体排放				消耗的农药、肥料等材料导致的温室气体排放		资源回收形成的碳补偿
		租赁、外包生产导致的温室气体排放						

2.2.1 核算框架

确定碳排放核算边界、识别碳源与碳汇是构建海绵城市建设项目碳排放核算框架的关键。在碳排放计算中，先确定排放源，再确定碳排放因子。海绵城市全生命周期包括材料生产、运输、建造、运行、维修、拆卸等全过程，全生命周期碳排放核算针对绿色屋顶、透水铺装、生物滞留设施、植草沟等主要设施碳排放和碳汇进行定量核算，从而得出海绵项目的碳排放量和碳汇量，如图 2.2 所示。

　　海绵城市建设项目全生命周期的碳源包括直接碳源和间接碳源，直接碳源主要包括降解污染物（CO_2、CH_4、N_2O 等）过程中产生的碳排放，间接碳源来自全生命周期各阶段，碳汇来自海绵设施运行阶段。直接碳排放主要在海绵设施污染物降解过程中产生；间接碳排放是指材料生产、运输、施工、运行、维护和拆卸阶段的能耗、电耗和材料消耗的碳排放；运行阶段内海绵设施通过绿地固碳、雨水利用、雨水净化、径流削减、建筑节能等过程发挥其碳汇作用。

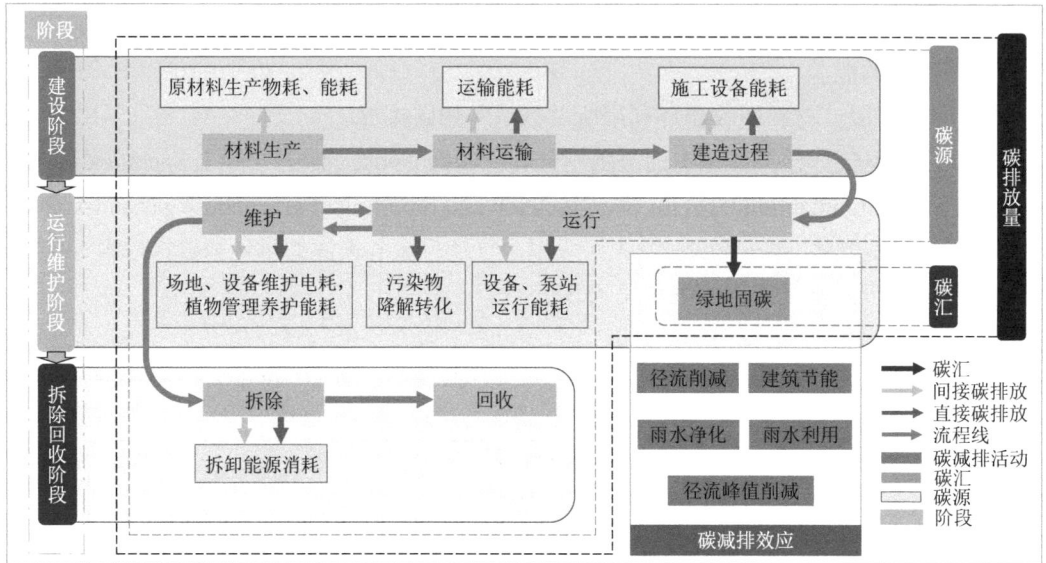

图 2.2　海绵城市全生命周期碳排放核算框架

2.3　海绵城市建设项目碳排放量核算公式

　　海绵城市碳排放量为海绵城市全生命周期建设阶段碳排放、运行维护阶段碳排放和拆除回收阶段碳排放之和，见式(2.1)。

$$CE = CE_{JS} + CE_{YW} + CE_{CH} \tag{2.1}$$

式中：CE——海绵城市碳排放量（$kgCO_2$）；

　　CE_{JS}——建设阶段的碳排放量（$kgCO_2$）；

　　CE_{YW}——运行维护阶段的碳排放量（$kgCO_2$）；

　　CE_{CH}——拆除回收阶段的碳排放量（$kgCO_2$）。

2.3.1　建设阶段的碳排放

　　建设阶段碳排放包括材料生产、运输、建造全过程中的能耗、电耗和物耗所对应的碳排放，见式(2.2)。

$$CE_{JS} = CE_{JS-CL} + CE_{JS-YS} + CE_{JS-JZ} \tag{2.2}$$

式中：CE_{JS}——建设阶段碳排放总量（$kgCO_2$）；

CE_{JS-CL}——材料生产的碳排放量（$kgCO_2$）；

CE_{JS-YS}——材料运输过程的碳排放量（$kgCO_2$）；

CE_{JS-JZ}——建造过程的碳排放量（$kgCO_2$）。

2.3.1.1 材料生产的碳排放量

材料生产的碳排放量主要是海绵设施、雨水管渠及泵站所需的各种材料对应的碳排放量，见式(2.3)。

$$CE_{JS-CL} = \sum_i (M_i \times EF_{CL,i}) \tag{2.3}$$

式中：CE_{JS-CL}——材料生产的碳排放量（$kgCO_2$）；

M_i——第i种材料的质量（kg 或 t）；

$EF_{CL,i}$——第i种材料的碳排放因子（$kgCO_2$/kg 或 $kgCO_2$/t）。

第i种材料的用量（M_i）应通过查询设计图纸、采购清单等工程建设相关技术资料确定。第i种材料的碳排放因子宜选用经第三方审核的材料碳足迹数据。当无第三方提供时，可按碳排放因子缺省值执行。

2.3.1.2 材料运输的碳排放量

运输过程中的能耗取决于运输方式、能源类型和运输距离，运输过程中的碳排放量可按式(2.4)计算。

$$CE_{JS-YS} = \sum_{i,j} (m_{i,j} \times D_{i,j} \times EF_{YS,j}) \tag{2.4}$$

式中：CE_{JS-YS}——材料运输过程的碳排放量（$kgCO_2$）；

$D_{i,j}$——第i种建材通过第j种运输方式运输的平均距离（km）；

$m_{i,j}$——第i种建材通过第j种运输方式运输的质量（kg）；

$EF_{YS,j}$——第j种运输方式的碳排放因子［$kgCO_2$/(kg·km)］。

2.3.1.3 建造过程的碳排放量

建造过程指海绵设施、雨水管渠及泵站的施工过程，主要是能源消耗产生的碳排放。

建造过程中，根据海绵设施设计参数及研究区域的设置面积，结合施工规范手册，计算出施工中的工程量。由施工方式的单位能耗得出施工过程的总能耗。由于施工过程的碳排放主要来自设备使用，可分为按照能源消耗计算和按照设备台班数计算两种方法。

（1）按照能源消耗计算

统计建筑施工期间每日能耗，累加得到总能耗量，直接计算得出碳排放量。在缺少数据的情况下，可以根据各种工程预算书、结算书进行估计。建造过程的碳排放量可采用式(2.5)计算。

$$CE_{\text{JS-JZ}} = \sum_i (q_i \times EF_{\text{NY},i}) \qquad (2.5)$$

式中：$CE_{\text{JS-JZ}}$——建造过程的碳排放量（$kgCO_2$）；

q_i——建造阶段第 i 种能源消耗量，主要包括煤炭、油类、天然气、电等（kg、L、m^3、kW·h）；

$EF_{\text{NY},i}$——第 i 种能源的碳排放因子 [$kgCO_2/kg$、$kgCO_2/L$、$kgCO_2/m^3$、$kgCO_2/(kW·h)$]。

（2）按照设备台班数计算

在没有工程预算书、结算书的情况下，根据设备估算能耗量，可以采用式(2.6)进行计算。

$$CE_{\text{JS-JZ}} = \sum_i (P_i \times t_i \times N_i \times EF_{\text{SB},i}) \qquad (2.6)$$

式中：$CE_{\text{JS-JZ}}$——建造过程的碳排放量（$kgCO_2$）；

P_i——第 i 种设备的功率（kW）；

t_i——第 i 种设备的使用时长（h）；

N_i——第 i 种设备使用的台数；

$EF_{\text{SB},i}$——第 i 种设备的碳排放因子 [$kgCO_2/(kW·h)$]。

2.3.2 运行维护阶段的碳排放

运行维护阶段包括海绵设施和雨水管渠及泵站的设施设备运行、维护全过程的碳排放。按照式(2.7)计算。

$$CE_{\text{YW}} = CE_{\text{YW-YX}} + CE_{\text{YW-WH}} \qquad (2.7)$$

式中：CE_{YW}——运行维护阶段碳排放量（$kgCO_2$）；

$CE_{\text{YW-YX}}$——运行阶段的碳排放量（$kgCO_2$）；

$CE_{\text{YW-WH}}$——维护阶段的碳排放量（$kgCO_2$）。

2.3.2.1 运行阶段的碳排放

运行阶段碳排放包括海绵设施直接碳排放（污染物的降解）和间接碳排放（运行设备电耗）、雨水泵站运行以及碳汇等，见式(2.8)。

$$CE_{\text{YW-YX}} = (CED + CEID) - CS_{\text{GA}} \qquad (2.8)$$

式中：$CE_{\text{YW-YX}}$——运行阶段的碳排放量（$kgCO_2$）；

CED——运行过程的直接碳排放量（$kgCO_2$）；

$CEID$——运行过程的间接碳排放量（$kgCO_2$）；

CS_{GA}——运行过程的碳汇量（$kgCO_2$）。

（1）直接碳排放

直接碳排放主要来源于海绵设施在运行过程中对有机污染物的降解转化，从而产生 CO_2、CH_4 和 N_2O 等温室气体[7]。本书不考虑生源性的 CO_2，只将 CH_4 和 N_2O 作为直接碳排放的主要产物。本研究直接碳排放计算方法参照 Lin[8]对直接碳排放的计算方法，见式(2.9)。

$$CED = CE_{CH_4} + CE_{N_2O} \tag{2.9}$$

式中：CED——运行过程的直接碳排放量（$kgCO_2$）；

CE_{CH_4}——海绵设施运行过程中 CH_4 排放的二氧化碳当量（$kgCO_2$）；

CE_{N_2O}——海绵设施运行过程中 N_2O 排放的二氧化碳当量（$kgCO_2$）。

1）CH_4 的 CO_2 当量

海绵设施运行过程中 CH_4 排放的二氧化碳当量 CE_{CH_4} 可以采用式(2.10)进行计算。

$$CE_{CH_4} = M_{COD} \times B_0 \times MCF \times GWP_{CH_4} \times T = 0.625 M_{COD} \times T \tag{2.10}$$

式中：B_0——有机物厌氧分解甲烷的理论排放系数，2006 年 IPCC 国家温室气体清单指南的设定值为 $0.6kgCH_4/kgBOD_5$ 或 $0.25kgCH_4/kgCOD$；

MCF——不同厌氧环境甲烷排放的修正因子，当污水直接排放时，MCF 取 0.1；

GWP_{CH_4}——CH_4 的全球增温潜势，取 25；

T——生命周期时间（a），取 30a；

M_{COD}——雨水径流经过海绵设施处理 COD 排放量，kgCOD/a。

在海绵城市污染物排放量缺少实际运行数据时，可以采用单项 LID 设施经验污染物削减率面积加权法得到海绵城市污染物削减率，见式(2.11)、式(2.12)。

$$\eta_{COD} = \frac{\sum\limits_{l}(\eta_{COD,l} \times a_l)}{\sum\limits_{l} a_l} \tag{2.11}$$

$$M_{COD} = M_{COD,0} \times \eta \tag{2.12}$$

式中：η_{COD}——海绵城市 COD 削减率（%）；

$\eta_{COD,l}$——第 l 项 LID 设施的 COD 削减率（%）；

a_l——第 l 项 LID 设施的布设面积（m^2）；

$M_{COD,0}$——雨水径流中的 COD 含量（kgCOD/a）。

2）N_2O 的 CO_2 当量

海绵设施的 N_2O 排放量参照 IPCC 中生活污水排放产生 N_2O 的排放因子，取为 $0.005kgN_2O/kgN$，则海绵设施运行过程中 N_2O 排放的 CO_2 当量 CE_{N_2O} 可采用式(2.13)计算。

$$CE_{N_2O} = M_N \times EF_{N_2O} \times \frac{44}{28} \times GWP_{N_2O} \times T = 2.341 M_N \times T \tag{2.13}$$

式中：M_N——雨水径流经过海绵设施净化总氮量（kgN/a）；

EF_{N_2O}——污水直排产生 N_2O 的排放因子，取为 $0.005kgN_2O\text{-}N/kgN$；

$\frac{44}{28}$——每 kg 的 N_2 转换为 N_2O 的换算系数；

GWP_{N_2O}——N_2O 的全球增温趋势，取 298；

T——生命周期时间（a），取 30a。

（2）间接碳排放

间接碳排放是雨水泵站运行期间运行设备电耗产生的碳排放。见式(2.14)。

$$CEID = CEID_{SS} + CEID_{BZ} \tag{2.14}$$

式中：$CEID$——运行过程的间接碳排放量（$kgCO_2$）；

　　$CEID_{SS}$——海绵设施运行过程的间接碳排放量（$kgCO_2$）；

　　$CEID_{BZ}$——雨水泵站运行过程的间接碳排放量（$kgCO_2$）。

1）海绵设施运行过程碳排放

海绵设施运行设备的碳排放可按照能源消耗计算和设备台班数计算两种方法计算，分别见式(2.15)和式(2.16)。

$$CEID_{SS} = \sum(q_i \times EF_{NY,i} \times T) \tag{2.15}$$

或

$$CEID_{SS} = \sum(P_i \times t_i \times N_i \times EF_{SB,i} \times T) \tag{2.16}$$

式中：q_i——海绵设施运行阶段第i种能源每年的消耗量，主要包括煤炭、油类、天然气、电等〔kg/a、L/a、m^3/a、$(kW \cdot h)/a$〕；

　　$EF_{NY,i}$——第i种能源的碳排放因子〔$kgCO_2/kg$、$kgCO_2/L$、$kgCO_2/m^3$、$kgCO_2/(kW \cdot h)$〕；

　　T——全生命周期时间（a），取30a；

　　P_i——第i种设备的功率（kW）；

　　t_i——运行阶段第i种设备每年的使用时长（h/a）；

　　N_i——第i种设备使用的台数；

　　$EF_{SB,i}$——第i种设备的碳排放因子〔$kgCO_2/(kW \cdot h)$〕。

2）雨水泵站运行碳排放

雨水泵站运行的碳排放主要是由泵站运行能耗引起，见式(2.17)。

$$CEID_{BZ} = E \times EF_b \times T \tag{2.17}$$

式中：$CEID_{BZ}$——雨水泵站运行过程的间接碳排放量（$kgCO_2$）；

　　E——雨水泵站进行雨水强排的年运行能耗（$kW \cdot h/a$）；

　　EF_b——电力生产的碳排放因子〔$kgCO_2/(kW \cdot h)$〕；

　　T——全生命周期时间（a），取30a。

雨水泵站进行雨水强排的年运行能耗E按式(2.18)计算：

$$E = \frac{\rho g H Q}{3.6 \times 10^6 \mu \theta \delta} \tag{2.18}$$

式中：ρ——水的密度（kg/m^3）；

　　g——重力加速度（m/s^2）；

　　H——泵站的平均扬程（m）；

　　Q——年强排雨水量（m^3/a）；

　　μ——水泵工作效率；

　　θ——电动机与水泵间的传动效率；

　　δ——电动机的效率。

年强排降雨量Q可由式(2.19)近似求得：

$$Q = H_a F \varphi - V \tag{2.19}$$

式中：H_a——年平均降雨深度（m/a）；

  F——泵站服务面积（m²）；

  φ——服务面积的综合径流系数；

  V——年雨水利用量（m³/a）。

（3）运行阶段的碳汇

目前，全生命周期核算对碳汇的定义标准不一致，部分研究将绿地碳封存、雨水净化、生物滞留设施运营维护阶段的雨水利用等作为核算系统中的碳汇。本书根据碳汇的定义[9]，界定只有在生产过程中产生并能向外传递的资源或能源的活动为碳汇，而满足这一条件的活动只有绿地固碳。绿地为广义上的绿地，包括生物滞留设施、下凹式绿地、植草沟、普通绿地等。绿地中的植物和土壤均有固碳能力，其固碳碳汇扩容采用种植类型-面积法计算，见式(2.20)。

$$CS_{GA} = \sum (S_{GA,i} \times SF_{GA,i} \times T) \tag{2.20}$$

式中：CS_{GA}——绿地固碳的碳汇（kgCO₂）；

  $S_{GA,i}$——第i类绿地的面积（m²）；

  $SF_{GA,i}$——第i类绿地的碳汇因子 [kgCO₂/(m² · a)]，生物滞留设施和下凹式绿地取 2.2255 [kgCO₂/(m² · a)] [2]，植草沟和普通绿地取 1.6018 [kgCO₂/(m² · a)] [3]，绿色屋顶取 0.365 [kgCO₂/(m² · a)] [10]；

  T——生命周期时间（a），取 30a。

2.3.2.2 维护阶段的碳排放

海绵设施在维护阶段的碳排放主要有两个方面内容，一是场地设施的维护电耗产生的碳排放，二是植物管理养护的碳排放。按式(2.21)计算。

$$CE_{YW\text{-}WH} = CE_{YW\text{-}WH\text{-}CD} + CE_{YW\text{-}WH\text{-}ZW} \tag{2.21}$$

式中：$CE_{YW\text{-}WH}$——维护阶段的碳排放量（kgCO₂）；

  $CE_{YW\text{-}WH\text{-}CD}$——场地设施的维护电耗产生的碳排放（kgCO₂）；

  $CE_{YW\text{-}WH\text{-}ZW}$——植物管理养护的碳排放（kgCO₂）。

（1）场地设施维护电耗碳排放

海绵城市场地设施的维护电耗产生的碳排放可按式(2.22)或式(2.23)计算。

$$CE_{YW-WH-CD} = \sum_i (q_i \times EF_{NY,i} \times T) \tag{2.22}$$

式中：q_i——场地设施运行阶段第i种能源每年的消耗量，主要包括煤炭、油类、天然气、电等，[kg/a、L/a、m³/a、(kW · h)/a]；

  $EF_{NY,i}$——第i种能源的碳排放因子，[kgCO₂/kg、kgCO₂/L、kgCO₂/m³、kgCO₂/(kW · h)]；

  T——全生命周期时间（a），取 30a。

$$CE_{YW-WH-CD} = \sum_i (P_i \times t_i \times N_i \times EF_{SB,i} \times T) \tag{2.23}$$

式中：P_i——第i种设备的功率（kW）；

t_i——运行阶段第i种设备每年的使用时长（h/a）；

N_i——第i种设备的台数；

$EF_{SB,i}$——第i种设备的碳排放因子［kgCO$_2$/(kW·h)］；

T——全生命周期时间（a），取30a。

（2）植物管理养护碳排放

植物管理养护碳排放主要包括灌溉、施肥、施药、修剪、清理等过程产生的水、农药、肥料、油耗、电耗等的碳排放，可用式(2.24)进行计算。

$$CE_W = \sum_i (Q_i \times EF_W \times n_i \times T) \tag{2.24}$$

式中：Q_i——第i类管理养护方式的水、药剂、肥料、油耗或电耗量（L、kg、kW·h）；

EF_W——油或电的碳排放因子［kgCO$_2$/L、kgCO$_2$/kg、kgCO$_2$/(kW·h)］；

n_i——每年第i类管理养护方式管理养护的次数；

T——生命周期时间（a），取30a。

2.3.3 拆除回收阶段的碳排放

拆卸回收阶段包括海绵设施和雨水管渠及泵站的拆除全过程中设备电耗的碳排放以及回收利用过程的碳汇，见式(2.25)。

$$CE_{CH} = CE_{CH-CC} - CS_{CH-HS} \tag{2.25}$$

式中：CE_{CH}——拆除回收阶段碳排放总量（kgCO$_2$）；

CE_{CH-CC}——拆除阶段的碳排放量（kgCO$_2$）；

CS_{CH-HS}——回收阶段的碳汇量（kgCO$_2$）。

2.3.3.1 拆除阶段的碳排放

建筑拆除过程的能耗可按建造能耗的 90%估算，相应的碳排放量亦可近似按 90%估算，见式(2.26)。

$$CE_{CH-CC} = CE_{JS-JZ} \times 90\% \tag{2.26}$$

式中：CE_{CH-CC}——拆除阶段的碳排放量（kgCO$_2$）；

CE_{JS-JZ}——建造过程的碳排放量（kgCO$_2$）。

2.3.3.2 回收阶段的碳排放

海绵设施回收再利用过程中的碳排放量可按式(2.27)计算。

$$CS_{CH-HS} = \sum_i (AD_i \times \eta_i \times EF_{CL,i}) \tag{2.27}$$

式中：CS_{CH-HS}——回收阶段的碳排放量（kgCO$_2$）；

AD_i——第i类材料的回收数量（kg）；

η_i——第i类材料的回收比例（%）；

$EF_{CL,i}$——第i类材料的碳排放因子（kgCO$_2$/kg）。

2.3.4 核算的不确定性

2.3.4.1 不确定性产生的原因

很多原因会导致清单估算结果与真实数值不同。一些不确定性原因（如取样误差或仪器准确性的局限性）可能产生界定明确的、容易描述特性的潜在不确定性范围。其他不确定性原因可能更难识别和量化。优良做法是在不确定性分析中尽可能解释所有不确定性原因，并且明确记录包括哪些不确定性原因。清单编制者应当特别注意的几大类不确定性原因：一是缺乏完整性，由于排放机理未被识别或者该排放测量方法还不存在，无法获得测量结果及其他相关数据；二是模型，模型是真实系统的简化，因而不是很精确；三是缺乏数据，在现有条件下无法获得或者非常难于获得某排放或吸收所必需的数据。在这些情况下，常用方法是使用相似类别的替代数据，并使用内推法或外推法作为估算基础；四是数据缺乏代表性，例如已有的排放数据是在发电机组满负荷运行时获得的，而缺少机组启动和负荷变化时的数据；五是样品随机误差，这与样本数多少有关，通常可以通过增加样本数来降低这类不确定性；六是测量误差，如测量标准和推导资料的不精确等；七是错误报告或错误分类，如排放源或吸收汇的定义不完整、不清晰或有错误；八是丢失数据，如低于检测限度的测量数值。

敏感性分析是研究和分析系统（或模型）状态或者输出变化对于系统参数或者环境条件变化的灵敏度。它假设不同影响因素之间相互独立，在项目原始情景确定的前提下，进行单个或多个影响因素的变动。通过测定各影响因素发生变化时导致的项目评价指标的变动幅度，来判断各影响因素的变化对项目评价指标的影响程度，据此找出相应的敏感性因素，得出哪些因素对项目有较大影响，有助于做出相应决策。

本书的碳排放敏感性分析是指从众多不确定性因素中找出对总体碳排放量有重要影响的敏感性因素，并分析、测算其对总体碳排放量的影响程度和敏感性程度，进而针对不同不确定性因素，提出相应的减排措施，减少总体碳排放量。一般来讲，同一个项目的影响因素较多，不必选用所有因素，而是通过预计哪些因素的变动对评价指标影响较大来进行筛选。

2.3.4.2 不确定性的量化方法

不确定性量化方法采用统计学上的置信区间来表征，量化单个类别和总清单的排放和吸收估算的随机误差时，通常使用 95%的置信区间。

区间测算方法：$\left[\overline{X}-\dfrac{S\cdot t}{\sqrt{n}},\overline{X}+\dfrac{S\cdot t}{\sqrt{n}}\right]$。

均值测算方法：$\overline{X}=\dfrac{1}{n}\sum X_k$。

标准差测算方法：$S=\sqrt{\dfrac{1}{n-1}\sum\left(X_k-\overline{X}\right)^2}$。

t是 95%置信度的统计值。

2.3.4.3 合并不确定的方法

合并不确定性的方法有蒙特卡罗模型（乘法合并）和误差传递公式（加法合并）两类，通常误差传递方法简便且应用相对广泛，可分别用加法和乘法两种运算的误差传递公式。

第一步，先估计活动水平与排放因子的不确定性。

第二步，利用乘法公式(2.28)计算各个排放值的不确定性。

某一估计值为n个估计值之积时，该估计值的不确定性采用式(2.28)（蒙特卡罗模型）计算。

$$U_C = \sqrt{U_{S1}^2 + U_{S2}^2 + \cdots + U_{Sn}^2} \tag{2.28}$$

式中：　　　　U_C——n个估计值之积的不确定性（%）；

$U_{S1}, U_{S2}, \cdots, U_{Sn}$——$n$个相乘的估计值的不确定性（%）。

第三步，利用加法公式(2.29)计算各个部门的最终排放不确定性。

当某一估计值为n个估计值之和或差时，该估计值的不确定性采用式(2.29)（误差传递公式）计算。

$$U_C = \frac{\sqrt{(U_{S1} \cdot \mu_{S1})^2 + (U_{S2} \cdot \mu_{S2})^2 + \cdots + (U_{Sn} \cdot \mu_{Sn})^2}}{|\mu_{S1} + \mu_{S2} + \cdots + \mu_{Sn}|} \tag{2.29}$$

式中：　　　　U_C——n个估计值之和或之差的不确定性（%）；

$U_{S1}, U_{S2}, \cdots, U_{Sn}$——$n$个相加减的估计值的不确定性（%）；

$\mu_{S1}, \mu_{S2}, \cdots, \mu_{Sn}$——$n$个估计值。

蒙特卡罗模拟方法合并清单不确定性的主要计算原理和步骤为：确定不同阶段活动水平、排放因子和其他估算参数的概率分布；根据清单计算方法计算各类别相应的排放值；重复模拟获得不同类别或整个清单排放量的概率分布，从而获得相应的不确定性分析统计值。

2.4　海绵城市建设项目全生命周期碳排放评价

2.4.1　LID 设施全生命周期面积碳排放强度

定义 LID 设施的全生命周期碳排放量与 LID 设施布设面积的比值为 LID 设施全生命周期面积碳排放强度。

$$C = \frac{CE}{S_A} \tag{2.30}$$

式中：C——LID 设施全生命周期面积碳排放强度（$kgCO_2/m^2$）；

　　　CE——LID 设施全生命周期碳排放量（$kgCO_2$）；

　　　S_A——LID 设施布设面积（m^2）。

在海绵城市碳排放实际核算过程中，若对核算结果精度要求不高，比如对不同 LID 设施组合方案的碳排放核算，在排放因子法的基础上，可采用单位面积法直接估算，单位面积法具有高效的特点。

2.4.2 径流总量控制量碳排放强度

由于研究区域的位置、大小和气候条件的差异，对不同研究区域的碳排放规模进行横向比较较为困难。同样，在同一研究区域内，不同 LID 设施布局对年径流总量控制率影响也是不同的，由于年径流总量控制率是海绵城市建设的重要目标，直接比较碳排放总量意义不大，然而，对于单位数量，比如强度，通常以面积来衡量，对低影响开发设施的一个关键指标——年径流总量控制率的研究有限。因此，课题组首次提出了基于径流总量控制量的碳排放强度概念。

基于全生命周期评价理论，定义径流总量控制量的碳排放强度为全生命周期内设施的碳排放量与径流总量控制量的比值[11]，用于定量评价不同研究区域或者同一研究区域内不同 LID 设施单位雨洪控制能力的碳排放量大小。指标越小，说明全生命周期内每控制单位径流量所排放的二氧化碳量越少，所带来的环境效益越好。具体计算公式见式(2.31)～式(2.33)：

$$E = \frac{CE}{CV_{LCA}} \tag{2.31}$$

$$CV_{LCA} = T \times VCA \tag{2.32}$$

$$VCA = VCRA \times H_a \times A \times 10 \tag{2.33}$$

式中：E——径流总量控制量碳排放强度（$kgCO_2/m^3$）；

CV_{LCA}——全生命周期径流总量控制量（m^3）；

T——全生命周期年限（a）；

VCA——年径流总量控制量（m^3/a）；

$VCRA$——年径流总量控制率；

H_a——研究区年平均降雨总量（mm/a）；

A——研究区总面积（hm^2）。

2.4.3 碳减排效应

碳排放评价是碳减排的出发点和前置条件，碳减排评价是控制碳排放的有效手段。

海绵城市建设项目产生的碳减排效果是所有设施及研究区域共同作用的结果，本书从核算研究区出发，不仅将单项海绵设施的碳减排活动纳入核算体系，还将研究区内与海绵城市建设相关的碳减排活动纳入其中。如，海绵项目径流峰值削减碳减排，即由于海绵项目能够削减径流峰值，从而减小建设雨水管道的管径，致使雨水管道相关的碳排放减少，因此将这部分减碳活动称为"径流峰值削减"，本书将其作为碳减排活动的一项。

本书定义海绵城市建设项目的碳减排效应为由于海绵化建设而产生的碳减排量，包括碳排放核算边界内的和边界外的。碳减排活动主要为绿地固碳、建筑节能、雨水净化、径流峰值削减、雨水利用、径流削减等活动。碳减排效应计算见式(2.34)。

$$CR = CS_{GA} + CR_{\text{energy saving}} + CR_{\text{rain-purify}} + CR_{\text{rain-pipe}} + CR_{\text{reuse}} + CR_{\text{runoff}} \tag{2.34}$$

式中： CR——海绵城市碳减排效应（ $kgCO_2$ ）；

CS_{GA}——绿地固碳的碳汇（ $kgCO_2$ ）；

$CR_{\text{energy saving}}$——建筑节能的碳减排量（ $kgCO_2$ ）；

$CR_{\text{rain-purify}}$——雨水净化产生的碳减排量（ $kgCO_2$ ）；

$CR_{\text{rain-pipe}}$——径流峰值削减的碳减排量（ $kgCO_2$ ）；

CR_{reuse}——雨水利用过程中的碳减排量（ $kgCO_2$ ）；

CR_{runoff}——径流削减所产生的碳减排量（ $kgCO_2$ ）。

（1）绿地固碳

计算方法见式(2.20)。

（2）雨水利用

雨水利用碳汇主要来自于雨水收集设施［蓄水池、雨水桶（罐）等］收集的可利用水量所带来的碳减排，通常是将其等价为生产等量自来水所产生的碳排放。具体计算见式(2.35)。

$$CS_{\text{reuse}} = Q_{\text{reuse}} \times QE \times EF_b \times T \tag{2.35}$$

式中： CS_{reuse}——雨水利用过程中的碳减排（ $kgCO_2$ ）；

Q_{reuse}——海绵设施收集的雨水利用量（ m^3/a ）；

QE——每立方米自来水耗电量（ $kW\cdot h/m^3$ ）；

EF_b——电力生产的碳排放因子［ $kgCO_2/(kW\cdot h)$ ］；

T——生命周期时间（a），取30a。

（3）径流削减

径流削减碳减排来源于海绵设施在运行期间削减的雨水径流量，从而减小市政管网相应的运行负荷对应的碳排放。因此先计算出海绵设施削减的径流量，再根据强排等量雨水时排水系统排放的温室气体量反推出径流削减的碳减排量，径流削减碳减排计算见式(2.36)。

$$CS_{\text{runoff}} = \frac{\rho g H Q}{3.6 \times 10^6 \mu\theta\delta} \times EF_b \times T \tag{2.36}$$

式中： CS_{runoff}——径流削减所产生的碳减排（ $kgCO_2$ ）；

ρ——水的密度（ kg/m^3 ）；

g——重力加速度（ m/s^2 ）；

H——泵站的平均扬程（m）；

Q——海绵设施削减的径流量，包括雨水利用量（ m^3/a ）；

μ——水泵工作效率；

θ——电动机与水泵间的传动效率；

δ——电动机的效率；

EF_b——电力生产的碳排放因子［ $kgCO_2/(kW\cdot h)$ ］；

T——全生命周期时间（a），取30a。

（4）建筑节能

海绵城市建设所带来的建筑节能碳减排主要来自绿色屋顶。绿色屋顶的植物光合作用对 CO_2 有吸收固碳作用，且具有保温隔热作用，能有效降低建筑能耗。计算方法是将其转化为利用空调降低同样温度的过程中因耗电而引起的碳排放，具体计算见式(2.37)。

$$CS_{\text{energy saving}} = Q_{\text{energy}} \times EF_b \times T \tag{2.37}$$

式中：$CS_{\text{energy saving}}$——建筑节能碳减排（$kgCO_2$）；

$\quad\quad Q_{\text{energy}}$——海绵设施因保温隔热作用使建筑节约的空调电量（$kW \cdot h/a$）；

$\quad\quad EF_b$——电力生产的碳排放因子 $[kgCO_2/(kW \cdot h)]$；

$\quad\quad T$——生命周期时间（a），取 30a。

（5）雨水净化

雨水净化碳减排主要是海绵设施对雨水中污染物的削减而产生的碳减排（海绵设施比如生物滞留设施截留的雨水中的污染物可能会在设施中降解转化产生碳排放，但本书认为污染物中的 C、N 附着固定在生物滞留设施中而不产生碳排放，所以不予计算），通常将其转化为污水处理厂净化等量污水所排放的碳排放量来进行等价计算。具体计算方法见式(2.38)。

$$CS_{\text{rain-purify}} = M_{\text{rain-purify}} \times CE_{\text{rain-purify}} \times T \tag{2.38}$$

式中：$CS_{\text{rain-purify}}$——雨水净化产生的碳减排（$kgCO_2$）；

$\quad\quad M_{\text{rain-purify}}$——污染物削减量（$kgCOD/a$）；

$\quad\quad CE_{\text{rain-purify}}$——污水处理厂净化等量污水对应的碳排放因子（$kgCO_2/kgCOD$），取 3.1；

$\quad\quad T$——生命周期时间（a），取 30a。

（6）径流峰值削减

海绵城市可削减径流峰值，从而减小建设雨水管道的管径。其碳减排量可按式(2.39)计算。

$$CS_{\text{pipe}} = CE_{\text{pipe-grey}} - CE_{\text{pipe-green}} \tag{2.39}$$

式中：CS_{pipe}——径流峰值削减的碳减排（$kgCO_2$）；

$\quad CE_{\text{pipe-grey}}$——不设置海绵设施所需雨水管道建设的碳排放量（$kgCOD$）；

$CE_{\text{pipe-green}}$——设置海绵设施削减径流峰值后所需雨水管道建设的碳排放量（$kgCO_2$）。

2.4.4 碳减排效益

定义工程项目的传统建设碳排放量与海绵化建设的碳排放量之差为海绵城市建设项目的碳减排效益。

2.4.5 海绵城市低碳建设优化潜力

海绵城市低碳建设优化潜力定义为：同一年径流总量控制率区间内的径流总量控制量碳排放强度的增大范围，包括海绵项目低碳建设优化量和海绵项目低碳建设优化率。按式(2.40)、式(2.41)计算。

$$OPR = \frac{(E_{\max} - E_{\min})}{E_{\min}} \times 100\% \tag{2.40}$$

$$OP = E_{\max} - E_{\min} \tag{2.41}$$

式中：OPR——海绵城市低碳建设优化率（%）；

OP——海绵城市低碳建设优化量（$kgCO_2/m^3$）；

$E_{\max}$、$E_{\min}$——相同年径流总量控制率区间内的径流总量控制量碳排放强度最大值和最小值（$kgCO_2/m^3$）。

在不同区间内对增大范围进行比较，数值越大表明该年径流总量控制率区间的低碳建设优化潜力越大。但是，在某径流总量控制率的要求下，有很多种布设方案，而本书优化模型提出的帕累托最优解集仅包含了相对较优的部分方案，无法获取其他全部解，即本书仅采用了帕累托最优解集中的解进行研究，故实际的优化潜力大于本研究结果。

2.4.6 年径流总量控制率和年径流总量控制量

海绵城市的场降雨径流总量控制量用雨洪管理模型模拟得到，年径流总量控制量由场降雨径流总量控制量加权平均计算，见式(2.42)、式(2.43)：

$$VCRA = \frac{\sum\limits_{j=1}^{9} \dfrac{V_{\mathrm{rain},j} - V_{\mathrm{runoff},j}}{P_j}}{10^4 A \sum\limits_{j=1}^{9} \dfrac{H_j}{P_j}} \times 100\% \tag{2.42}$$

$$VCA = VCRA \times H_{\mathrm{a}} \times A \times 10^{-3} \tag{2.43}$$

式中：$VCRA$——年径流总量控制率（%）；

$V_{\mathrm{rain},j}$——降雨重现期为P_j的场降雨量（m^3）；

$V_{\mathrm{runoff},j}$——设置 LID 设施后降雨重现期为P_j时产生的径流量（m^3），用 SWMM 软件模拟得到；

P_j——重现期，$j = 1\sim9$ 分别表示重现期为 0.5a、1a、2a、3a、5a、10a、20a、30a 和 50a；

H_j——重现期为P_j下的降雨强度（mm）；

H_{a}——研究区年平均降雨总量（mm/a），取 501.9mm/a；

A——研究区总面积（m^2）；

VCA——年径流总量控制量（m^3/a）。

2.4.7 全生命周期成本

低影响开发设施的全生命周期成本包括初始资本成本、运行维护成本和拆除成本。初始资本成本通常包括土地成本、工程规划和设计成本、建设成本和环境缓解成本。因为土地成本和环境缓解成本因场地而异，且变化幅度大，为了便于分析，此处仅使用建设成本来代表资本成本以及全生命周期成本，计算按照式(2.44)~式(2.47)计算：

$$LCC = \left(\sum_{j=1}^{4} C_{\text{capital},j} + \sum_{j=1}^{4} \sum_{t=1}^{n_l} PV_{\text{O\&M}_{j,t}} + \sum_{j=1}^{4} C_{\text{remove},j} \right) \times b \tag{2.44}$$

$$PV_{\text{O\&M}_{j,t}} = \frac{FV_{\text{O\&M}_{j,t}}}{(1+d)^t}, \forall t \tag{2.45}$$

$$FV_{\text{O\&M}_{j,t}} = C_{\text{capital},j} \times p_j \times (1+r)^t, \forall t \tag{2.46}$$

$$C_{\text{remove},j} = y \times C_{\text{capital},j} - S \tag{2.47}$$

式中：LCC——低影响开发设施布设方案全生命周期成本（元）；

$C_{\text{capital},j}$——LID 设施建设阶段成本（元）；

$PV_{\text{O\&M}_{j,t}}$——LID 设施在 t 年内维护成本的现值（元）；

n_l——全生命周期年限，年，取 $n_l = 30$；

b——改建条件下全生命周期成本投资增加系数，新建海绵城市项目取 $b = 1.0$，改建海绵城市项目取 $b = 1.1$；

$FV_{\text{O\&M}_{j,t}}$——LID 设施在 t 年维护成本的未来价值（元）；

d——贴现率（%），取 $d = 8\%$[12]；

p_j——LID 设施年度运维成本占建设成本的比例（%），取 $p_1 = 4\%$，$p_2 = 4\%$，$p_3 = 8\%$，$p_4 = 3\%$[13]；

r——平均通货膨胀率（%），取 $r = 3\%$[14]；

$C_{\text{remove},j}$——LID 设施拆除成本（元）；

y——LID 设施拆除成本占建筑成本的比例（%），取 $y = 10\%$；

S——残值，取 $S = 0$。

第 3 章

新建居住小区海绵化建设项目
碳排放核算与分析

3.1 研究区概况及建设方案

以天水市麦积区某新建住宅小区为研究对象，该小区总面积 26600m²，整体地势为西高东低、南高北低。研究区域包含的用地类型为建筑用地（42.11%）、道路用地（42.48%）和绿地（15.41%）。研究区域示意图如图 3.1 所示。

图 3.1　研究区域示意图

在传统建设模式下，建设普通绿地 4100m²、普通不透水铺装 6883.28m²，综合径流系数取三种下垫面的面积加权平均值，为 0.78，年径流总量控制率 39.57%；在海绵化建设模式下，建设生物滞留设施 2046.65m²，透水铺装 6883.28m²，绿色屋顶 3612.84m²，普通绿地 2053.35m²，综合径流系数为 0.53，年径流总量控制率 91.71%，满足年径流总量控制率达到 85%的要求。

3.2 碳排放核算

3.2.1 建设阶段碳排放

（1）材料生产碳排放

根据第 2 章碳排放核算方法，分别计算传统建设和海绵化建设的材料生产碳排放量。传统建设包括管道、普通混凝土铺装和普通绿地。海绵化建设小区包括生物滞留设施、透水铺装、绿色屋顶、雨水桶（罐）和雨水排水管。具体见表 3.1。

海绵化建设与传统建设材料生产碳排放　　　　表 3.1

| 设施 | 结构名称 | 建材 | 建材使用量 | | 碳排放因子 | | 碳排放量（kgCO₂） |
			单位	数量	单位	数量	
LID设施	透水铺装	面层 透水砖	m³	378.58	kgCO₂/m³	320.00[15]	121145.73
		找平层 砂	m³	206.50	kgCO₂/m³	15[16]	3097.48

续表

设施		结构名称	建材	建材使用量		碳排放因子		碳排放量（kgCO₂）
				单位	数量	单位	数量	
LID设施	透水铺装	基层	透水混凝土	m³	688.33	kgCO₂/m³	360.00[17]	247798.08
		底基层	级配碎石	m³	1032.49	kgCO₂/m³	8.76[17]	9044.63
	生物滞留设施	覆盖层	树皮填料	假设植被、种植土为本地移植，所需土壤均就近采用，其碳排放可忽略不计				
		土壤层	种植土层					
		过渡层	土工布	m²	4093.30	kgCO₂/m²	0.16[17]	654.93
		排水层	砾石	t	1361.02	kgCO₂/t	6.05[17]	8234.18
			HDPE 防渗膜	t	47.71	kgCO₂/t	2620.00[9]	125000.20
	绿色屋顶	种植层	宝绿素	t	151.74	—	—	—
		过滤层	长纤维聚酯过滤布	m²	5419.26	kgCO₂/m²	0.16[17]	867.08
		排水层	PVC 排蓄水板	t	130.92	kgCO₂/t	1765.00[9]	231073.80
		隔根层	高密度聚苯乙烯膜（HDPE）	t	0.23	kgCO₂/t	2620.00[9]	589.50
		防水层	SBS 改性沥青防水卷材	m²	7225.68	kgCO₂/m²	2.37[9]	17124.86
	雨水桶（罐）（高 0.9m）	—	PE 塑料	m³	39.96	kgCO₂/m³	73.98[9]	2956.24
	其他	雨水排水管	PE 管	m	875.65	kgCO₂/m	0.71[17]	621.71
	合计							768208.42
传统设施	普通不透水铺装	—	混凝土砖	m³	378.58	kgCO₂/m³	334.80[16]	126748.72
		—	M10 水泥砂浆	t	252.13	kgCO₂/t	740.60[16]	186730.85
		—	C15 混凝土	m³	688.33	kgCO₂/m³	247.65[16]	170464.43
		—	碎石	t	1393.86	kgCO₂/t	2.18	3038.62
	普通绿地		假设植被均为本地移植，所需土壤均就近采用，其碳排放可忽略不计					
	管道	—	UPVC	t	17.60	kgCO₂/t	7930.00[18]	139568.00
		—	钢筋混凝土管	t	72.11	kgCO₂/t	1915.92[18]	138156.99
	合计							764707.61

注：数据采用 Excel 运算，受显示位数所限，书中数值仅显示 2 位小数。需要运算的，结果为精确数值计算结果。本书其他同类情况，不再赘述。

（2）材料运输碳排放

本研究选择的运输工具为柴油卡车。由于材料制造商位置的不确定性，取 2020 年全国平均货运距离（176km）来简化计算[18]，按照式(2.4)对各个材料运输过程的碳排放进行核算，详见表3.2。

海绵化建设与传统建设材料运输碳排放　　　　　　　表 3.2

设施		建材	质量（t）	碳排放因子 [kgCO₂/(t·km)]	碳排放量 （kgCO₂）
LID 设施	透水铺装	透水砖	1892.90	0.057	18989.60
		砂	454.30	0.162	12952.90
		透水混凝土	1789.65	0.179	56381.20
		级配碎石	1600.36	0.179	50417.80
	生物滞留设施	土工布	0.61	0.162	17.51
		HDPE 防渗膜	47.71	0.179	1503.06
		砾石	1361.02	0.057	13653.80
	绿色屋顶	宝绿素	151.74	0.179	4780.39
		长纤维聚酯过滤布	1.08		34.15
		PVC 排蓄水板	130.92		4124.50
		高密度聚苯乙烯膜 （HDPE）	0.23		7.09
		SBS 沥青防水卷材	23.99		755.76
	雨水桶（罐） （高 0.9m）	PE 塑料	1.20	0.179	37.77
	其他	PE 管	2.36	0.162	67.28
	合计				163723.00
传统 设施	普通铺装	混凝土砖	946.45	0.057	9494.80
		M10 水泥砂浆	252.13	0.286	12691.40
		C15 混凝土	1651.99	0.179	52044.20
		碎石	1393.86	0.179	43912.30
		UPVC	17.60	0.179	554.47
		钢筋混凝土管道	72.11	0.078	989.93
	合计				119687.00

（3）建造过程碳排放

参考芦琳[19]、Zhao[18]、马洁[17]的研究，核算建造过程中机械设备能耗、供电能耗、开挖能耗、回填能耗。项目总能耗根据单位面积能耗统计进行估算，如表 3.3 所示。海绵设施建设所涉及的施工计算项目的单位面积能耗乘以总面积。标准煤是主要使用的能源，以满足各种能源需求。根据标准煤换算系数计算建筑碳排放量，转化系数为 29.30kgCO₂/GJ。经计算，传统建设的碳排放量为 110338.00kgCO₂，海绵化建设的碳排放量为 57667.20kgCO₂。

建造过程的单位面积能耗 表 3.3

建造活动	单位面积能耗（MJ/m²）
场地清扫	10.00
材料堆放	5.22
基础开挖	27.26
空气压缩机	2.27
绿化和植被	2.07
搅拌混凝土	158.40
临时供电	22.65
铺路	1.14
场地布置	52.24
起重机操作	39.75
土方回填	17.03
预制混凝土	90.00

3.2.2 运行维护阶段碳排放

（1）运行阶段碳排放

1）直接碳排放

海绵化建设小区的污染物削减率采用加权平均计算，见表 3.4。

海绵化建设小区污染物削减率计算 表 3.4

序号	LID 设施	面积（m²）	年径流 COD 削减率（%）	年径流 TN 削减率（%）
1	绿色屋顶	3612.84	70[20]	60[20]
2	透水铺装	6883.28	3.52[21]	20.87[21]
3	生物滞留设施	2046.65	83[22]	70[23]
4	其他	14057.23	60[24]	50[24]
	合计/加权平均	26600	48.51	45.36

天水市年平均降水量为 501.9mm，雨水中化学需氧量（COD）和总氮（TN）的平均质量浓度分别为 150mg/L 和 14mg/L。根据直接碳排放核算公式计算得到案例小区海绵化建设 COD 和 TN 的碳排放量分别为 692.99kg/a 和 254.96kg/a，在 30a 生命周期内，该研究区域海绵化建设的直接碳排放总量为 28438.62kgCO₂。

传统建设的 COD 和 TN 的去除率分别为 23.74%、19.79%，案例小区传统建设 COD 和 TN 的碳排放量分别为 954.46kg/a 和 350.98kg/a，在 30a 的生命周期内，该研究区域传统建设的直接碳排放总量为 39163.10kgCO$_2$。

2）间接碳排放

运行阶段的间接碳排放是雨水泵站运行期间能耗产生的碳排放，由于本研究案例区域没有雨水强排泵站，故不计算此项。

3）碳汇

运行阶段产生的碳汇主要来自运行期间绿色设施的固碳作用。结合案例小区各类绿地类型及其所占面积，根据碳汇核算公式，可得案例小区传统建设碳汇量为 6567.38kgCO$_2$/a，在 30a 的生命周期内，该研究区域传统建设的碳汇总量为 197021.40kg。海绵化建设碳汇量为 9162.56kgCO$_2$/a，30a 生命周期内的碳汇总量为 274877.00kg。

（2）维护阶段碳排放

1）场地设施维护碳排放

新建小区传统建设的维护阶段碳排放核算涉及的项目包括管道疏通、受损设施修复和雨水集中排放。根据疏通管道和雨水排放过程中使用的机械设备，按照公式(2.21)计算出传统建设部分的碳排放量为 625661.21kg。海绵化建设的透水路面需要维护，如压力清洗和吸尘。压力清洗和吸尘冲洗的单位碳排放量为 0.017kgCO$_2$/(a·m^2)，此部分碳排放量为117.02kgCO$_2$/a。传统建设和海绵化建设还必须计算用于修复受损设施的碳排放量，按建设阶段碳排放量的 1%估算[18]。新建小区传统建设和海绵化建设的场地设施维护碳排放总量分别为 635608.54kgCO$_2$ 和 13406.46kgCO$_2$。

2）植物管理养护碳排放

传统建设的小区中，绿地主要是普通的草坪，主要植物为一些生命力顽强、耐寒、耐旱的草本植物，属于低养护植物，主要靠自然雨水生长，养护管理的单位碳排放量较小，为 0.012kgCO$_2$/(a·m^2)。海绵化建设小区建设了生物滞留设施、绿色屋顶后，种有大型植物和灌木，植物在管理养护中会涉及养护器械、灌溉自来水等的使用，均会消耗电力柴油等能源，从而产生碳排放。由于核算对象的具体维护工作还未展开，所以本研究采取马洁[17]、朱雨[25]计算得到的单位面积碳排放因子对生物滞留设施、植草沟和绿色屋顶植物养护的整体碳排放进行计算，生物滞留设施养护管理的单位面积碳排放为 0.172kgCO$_2$/(a·m^2)，普通绿地为 0.012kgCO$_2$/(a·m^2)，绿色屋顶为 0.085kgCO$_2$/(a·m^2)。30 年生命周期，传统建设植物管理养护碳排放为 1476.00kgCO$_2$，海绵化建设为 20512.66kgCO$_2$。

3.2.3 拆除回收阶段碳排放

拆卸和回收利用产生的碳排放量估计为建设阶段建造过程产生的碳排放量的 90%。这种方法一直用于估算建筑行业的碳排放量[26]。经过计算，传统建设该阶段的碳排放量为99304.20kgCO$_2$，海绵化建设为 51900.50kgCO$_2$。

3.2.4 全生命周期碳排放比较

传统建设和海绵化建设全生命周期碳排放如图 3.2 所示。

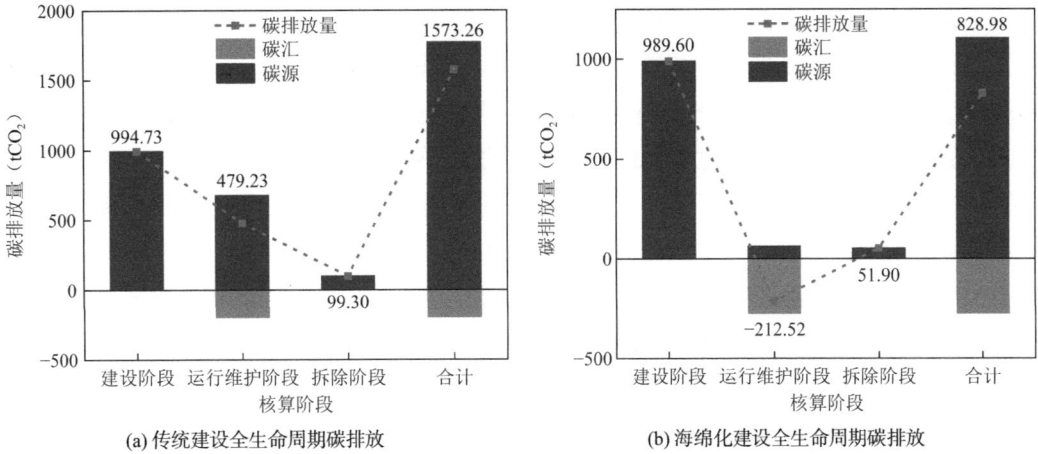

图 3.2 传统建设和海绵化建设全生命周期碳排放图

由图 3.2 可知，传统建设运行期间产生的碳汇量没有碳排放量多，而海绵化建设运行期间产生的碳汇量大于碳排放量，说明海绵化建设相比于传统建设有更好的碳减排效果。传统建设和海绵化建设全生命周期产生的碳汇均没有抵消碳排放，这是由于在核算中，定义的碳汇只限于通过 LID 设施自身所产生的二氧化碳减少量，其他文献分析的（如建筑节能、污染物削减等）均不在核算边界中，因此全生命周期净碳排放量为正值。

3.3 碳排放分析

3.3.1 传统建设碳源解析

新建小区 30 年生命周期传统建设的净碳排放量为 $1573.26tCO_2$，其中碳汇 $197.02tCO_2$，碳排放量 $1770.28tCO_2$，每平方米的碳排放量为 $59.15kgCO_2/m^2$。如图 3.3 所示，不计碳汇的情况下，建设阶段产生的碳排放量占总碳排放量的 56.19%，其中材料生产产生的碳排放量最高，占建设阶段碳排放量的 76.88%。运行维护阶段产生的碳排放量占总碳排放量的 38.20%，拆除和回收阶段的碳排放量较低，仅占总碳排放量的 5.61%。这与李晨璐[27]关于传统建设的建设阶段碳排放量较高的结论一致，这是由于传统建设需要使用钢筋混凝土管道，管道在生产过程中需要消耗大量混凝土和钢筋材料，从而产生大量碳排放，同时本研究将李晨璐未考虑的植物管理养护和管道维护的碳排放也纳入了核算，并且占总碳排放量相当大一部分比例。

在传统建设情况下，M10 水泥砂浆的碳排放量最大，占材料生产碳排放总量的 24.42%，C15 混凝土次之，与 Zhao[18]关于传统建设雨水管道材料生产碳排放量最高的结论不一致，这是由于本研究区传统建设的普通不透水铺装面积占比较大，所使用相关材料较多，导致普通铺装材料在生产过程中产生较大的碳排放量，大于雨水管道生产的碳排放量。雨水管道生产产生的碳排放量占比也很大，为满足传统管渠的排水要求，选用了 UPVC 管和钢筋混凝土管，应从源头上减少碳排放，在排水要求范围内减少管道的使用，尽可能选择小口径管道和碳排放系数低的新型管道。在材料运输过程中，由于混凝土材料较重，占运输碳排放总量的 43.48%。为减少不必要的碳排放，应考虑就近运输的原则。在建造过程中，管道施工的碳排放量最大，占建造过程碳排放量的 60.39%。在安装管道时，许多机械被用于挖掘沟槽、回填、铺设管道等工序，减少管道的使用将减少相应建设过程中的碳排放。在运行维护阶段，雨水管道的定期疏通和维修也消耗了大量能源和材料，由于传统建设对雨水中污染物的去除效率不高，所以运行阶段的直接碳排放较低，因此本研究未对其进行分析。本研究普通绿地建设假设为本地就近移植，故未计其碳排放。结果表明，3 种设施的单位面积碳排放量由大到小的顺序为：普通不透水铺装 > 管道 > 普通绿地。

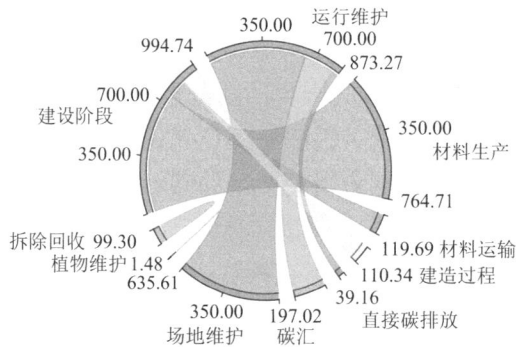

图 3.3　新建小区传统建设各阶段碳排放量（单位：tCO_2）

3.3.2　海绵化建设碳源解析

对海绵化建设的碳排放分析表明，30a 生命周期净碳排放量为 828.98tCO_2，其中碳汇为 274.88tCO_2，碳排放量为 1103.86tCO_2，每平方米的碳排放量为 31.16kg/m²，各阶段碳排放量如图 3.4 所示。材料生产的碳排放量最多为 768.21tCO_2，占比 92.67%。这与李俊奇[28]的结论一致，即海绵化建设的碳排放主要集中在材料生产阶段，材料生产碳排放占比超过80%。

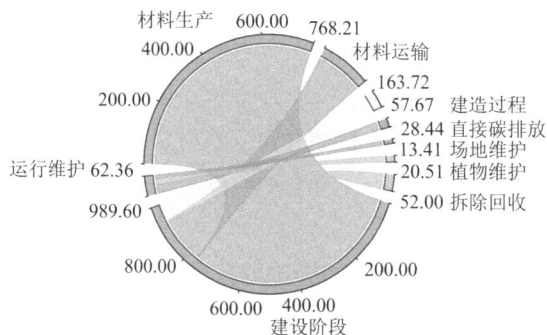

图 3.4　新建小区海绵化建设各阶段碳排放量（单位：tCO_2）

在材料生产、运输和建造过程中，透水铺装的碳排放量占比最大，其次是绿色屋顶。透水铺装材料生产的碳排放比例占 49.65%，材料运输的碳排放比例为 84.78%，建造过程的碳排放占比 69.83%。生物滞留设施材料生产的碳排放占比 17.44%，材料运输的碳排放比例为 9.27%，建造过程的碳排放占比 5.95%。绿色屋顶的材料生产的碳排放占 32.52%，材料运输的碳排放比例占 5.93%，建造过程的碳排放占比 24.22%。雨水桶（罐）除了材料生产阶段占 0.39%外，其余几乎可以忽略不计。如图 3.5 所示。

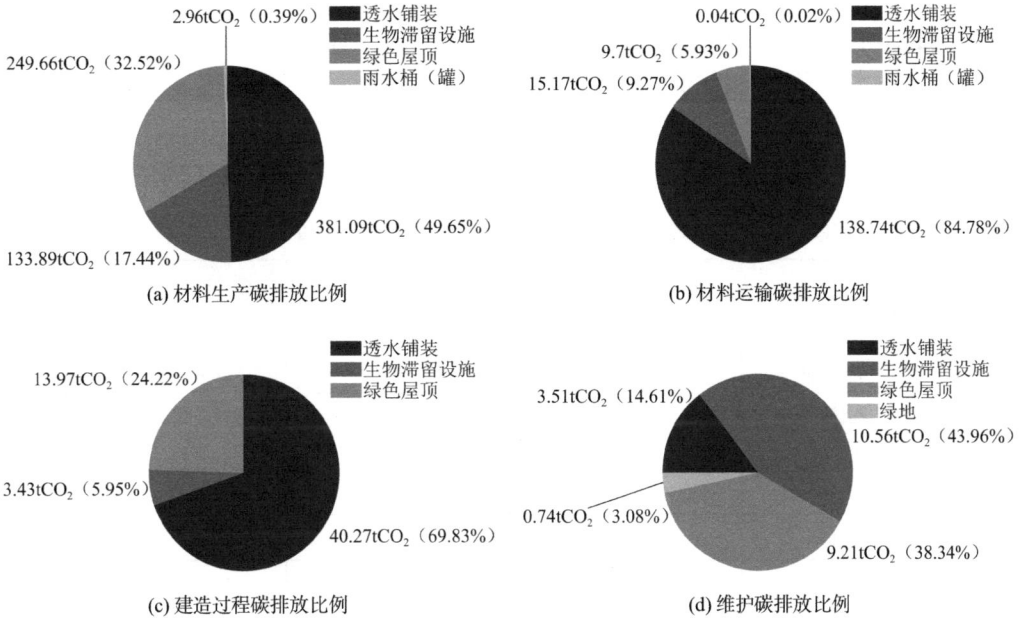

图 3.5　不同 LID 设施各阶段碳排放比例

在材料生产过程中，透水铺装所用材料透水混凝土碳排放最高，占材料生产的 32.26%，绿色屋顶所用材料 PVC 排水板占材料生产碳排放量的 30.08%，生物滞留设施和绿色屋顶所用材料高密度聚乙烯占材料生产碳排放量的 16.35%，与 Lin[8]的研究结果 HDPE 防渗膜碳排放量最高不一致，这是由于案例研究区改建时建设的透水铺装和绿色屋顶面积远大于生物滞留设施，透水混凝土、PVC 排水板的使用量较大，HDPE 防渗膜使用量相对较少。其余材料几乎都是绿色无污染的材料，这有助于减小对环境的整体影响。透水混凝土和级配碎石在运输过程中的碳排放量占比较高，分别为 34.44%和 30.79%，这与马洁[17]的研究结果一致。本研究生物滞留设施的种植土和改良土等均为本地移植，就近取材，所以这部分碳排放忽略不计，故生物滞留设施的运输碳排放较少。因此，在采购材料时，应选择靠近施工现场的当地制造商或尽可能就近取材。在建造过程中，透水铺装的碳排放量大于生物滞留设施和绿色屋顶，这与 Wang[29]的结论一致，即透水铺装在施工建造过程会产生更多的碳排放。在运行维护阶段，碳汇仅为绿地固碳，碳汇量为 5585.00kgCO$_2$/a。施肥和杀虫剂的碳排放占海绵植物维护的 79.81%。原因是植物种类繁多导致杀虫剂用量和杀菌次数增加。为减少碳排放，可采用维护成本较低、耐旱、抗虫的灌木或生物措施进行防治。由于拆卸和回收过程中的碳排放比例较低，因此没有进行进一步分析。结果表明，4 种设施的碳排放量从大到小的顺序为：透水铺装 > 绿色屋顶 > 生物滞留设施 > 雨水桶（罐）。

3.3.3　敏感性分析

为了探究材料使用量、运输距离、地区差异和植物种类对新建小区传统建设和海绵化建设碳排放总量的影响，本研究进行了单因素敏感性分析。根据上文的结果，小区传统建设和海绵化建设的碳排放主要来自材料生产、运输和运行维护过程。本研究采用 Morris 法对案例进行分析，选取 M10 水泥砂浆使用量、运输距离、管道维护等作为传统建设的影响因素，选取透水混凝土、HDPE、运输距离、绿地固碳率作为海绵化建设的影响因素，将所有可能影响碳排放的因素进行±20%和±10%的变化。

影响因素的变化对新建小区传统建设和海绵化建设各阶段碳排放的影响见表 3.5 和图 3.6。

影响因素变化对新建小区传统建设和海绵化建设各阶段碳排放的影响　　表 3.5

建设方式	影响因素	对应的阶段	影响因素变化程度			
			−20%	−10%	10%	20%
传统建设	M10 水泥砂浆	材料生产	−4.88%	−2.44%	2.44%	4.88%
	运输距离（C15 混凝土）	材料运输	−8.70%	−4.35%	4.35%	8.70%
	管道维护	运行维护	−26.11%	−13.06%	13.06%	26.11%
海绵化建设	透水混凝土	材料生产	−6.45%	−3.23%	3.23%	6.45%
	HDPE	材料生产	−3.25%	−1.63%	1.63%	3.25%
	运输距离（透水混凝土）	材料运输	−6.89%	−3.44%	3.44%	6.89%
	绿地固碳速率	运行维护	25.87%	12.93%	−12.93%	−25.87%

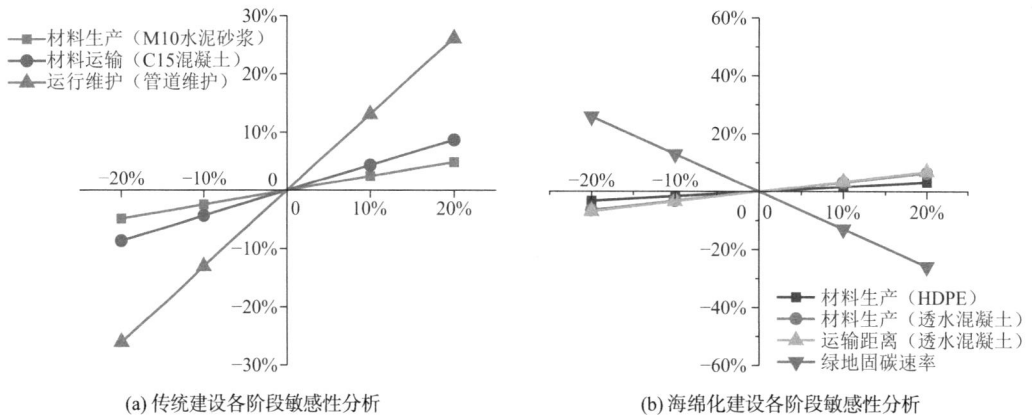

(a) 传统建设各阶段敏感性分析　　(b) 海绵化建设各阶段敏感性分析

图 3.6　传统建设和海绵化建设各阶段敏感性分析

可以看出，传统建设 M10 水泥砂浆材料使用量变化±20%，导致材料生产过程碳排放变化±4.88%。透水混凝土对海绵化建设材料生产和材料运输的影响最大，分别为±6.45%、±6.89%。当运输距离变化±20%时，C15 混凝土对传统建设材料运输过程碳排放的影响为8.70%。在运行维护过程中，管道维护能耗的变化使传统建设的碳排放量变化±26.11%。在海绵化建设中，绿地固碳速率的变化使运行维护阶段的碳排放量变化了±25.87%。

新建小区传统建设和海绵化建设影响因素变化对全生命周期碳排放的影响见表 3.6 和图 3.7。

影响因素变化对新建小区传统建设和海绵化建设全生命周期碳排放的影响 表 3.6

建设方式	影响因素	影响因素变化程度			
		−20%	−10%	10%	20%
传统建设	M10 水泥砂浆	−2.21%	−1.12%	1.12%	2.21%
	运输距离（C15 混凝土）	−0.62%	−0.31%	0.31%	0.62%
	管道维护	−8.89%	−4.45%	4.45%	8.89%
海绵化建设	透水混凝土	−6.04%	−3.02%	3.02%	6.04%
	HDPE	−3.04%	−1.52%	1.52%	3.04%
	运输距离（透水混凝土）	−1.37%	−0.69%	0.69%	1.37%
	绿地固碳速率	−6.70%	−3.35%	3.35%	6.70%

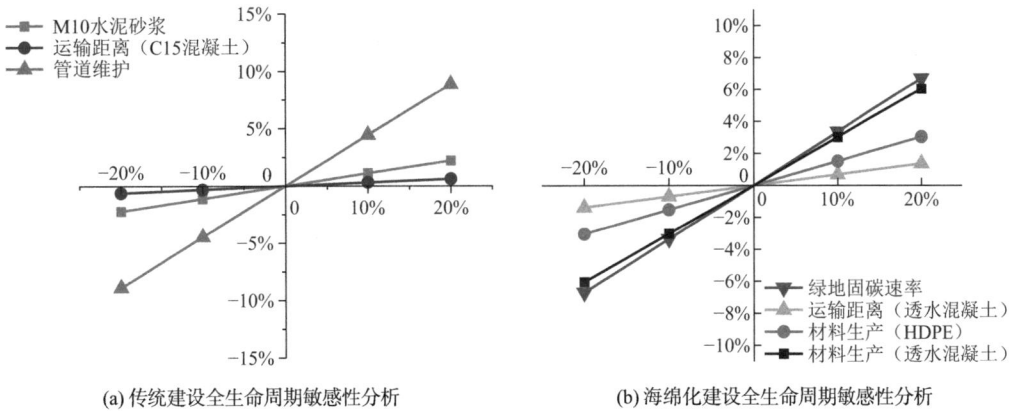

(a) 传统建设全生命周期敏感性分析　　(b) 海绵化建设全生命周期敏感性分析

图 3.7　传统建设和海绵化建设全生命周期敏感性分析

可以得出，对于传统建设，影响因素变化对碳排放的影响程度排序为管道维护 > M10 水泥砂浆材料生产 > 运输距离。对碳排放影响最大的是管道维护，其变化率为±8.89%。管道维护包括管道疏通、受损设施修复和雨水集中排放，需要大量能耗，因此，有必要发展海绵城市来减少管道维护能耗。就海绵城市而言，影响因素变化对碳排放的影响程度依次为绿地固碳速率 > 透水混凝土 > 高密度聚乙烯 > 运输距离。对碳排放量影响最大的是绿地固碳速率，其对碳排放量的影响为±6.70%。绿地固碳速率越大，植物吸收的碳排放就越多，因此，绿地固碳是海绵城市减少碳排放的最大影响因素。

3.3.4　LID 设施碳排放核算结果比较

碳排放核算主要设施为生物滞留设施、绿色屋顶和透水铺装，计算得到 30a 生命周期各 LID 设施碳排放量：生物滞留设施为 29.50tCO$_2$，绿色屋顶为 251.71tCO$_2$，透水铺装为 599.85tCO$_2$，具体见图 3.8。

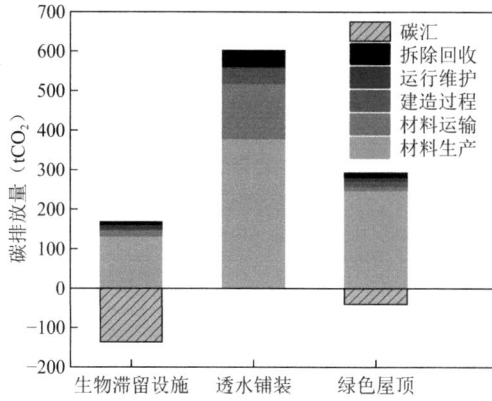

图 3.8　各海绵设施全生命周期碳排放量

由于各类 LID 设施的建设规模不同，总碳排放量对比无法体现不同 LID 设施全生命周期碳排放量的差异，因此计算单位面积海绵设施全生命周期的碳排放量，见表 3.7。

各 LID 设施 30a 生命周期面积碳排放强度（单位：kgCO₂/m²）　表 3.7

阶段		建设阶段				运行维护阶段	拆除回收阶段	碳汇	合计
		材料生产	材料运输	建造过程	合计				
设施	生物滞留设施	65.42	7.41	1.68	74.51	5.16	1.51	−66.77	14.41
	绿色屋顶	69.10	2.69	3.87	75.66	2.55	3.48	−10.95	70.74
	透水铺装	55.36	20.16	5.85	81.37	0.51	5.27	—	87.15

碳排放核算结果具有不确定性，各种 LID 设施在不同研究中的单位面积碳排放都不相同，这是由于不同研究在核算设施类型、设施结构、设施材料、设施寿命（范围为 15～75 年，多假定设施寿命为 30 年）及核算阶段等方面均存在差异。对此，为了更好地进行结果比较，对相关文献进行整理，对比结果见表 3.8。

不同设施单位面积碳排放量对比　表 3.8

序号	研究区名称	LID 设施	设施面积（m²）	不同阶段单位面积碳排放						参考文献
				建设阶段（kgCO₂/m²）				运行维护阶段	拆除回收阶段	
				材料生产	材料运输	建造过程	合计			
1	社火公园	生物滞留设施	38633	1.93	217.79	7.50	227.22	5.13	6.75	[17]
		绿色屋顶	4025	69.04	2.10	6.99	78.13	2.55	6.29	
		透水铺装	55000	106.84	33.88	9.32	150.04	0.51	8.39	
2	松原市排水分区	绿色屋顶	—	6.688	2.3	—	8.9881		0.8988	[27]
		透水铺装	—	48.482	11.58	—	60.062	0.85	6.0062	
		透水铺装	1566	9.121	—	—	—	—	—	
3	北京西城区	透水铺装	—	81	5	11	97	—	—	[30]

续表

序号	研究区名称	LID 设施	设施面积（m²）	不同阶段单位面积碳排放				运行维护阶段	拆除回收阶段	参考文献
				建设阶段（kgCO₂/m²）						
				材料生产	材料运输	建造过程	合计			
3	北京西城区	绿色屋顶	—	46	2	6	54	—	—	[30]
4	金凤半岛环线道路	透水铺装	14687	21.95	24.33	0.19	46.47	0.51	0.175	[15]
	金平工业园区道路	透水铺装	7453	70.36	23.82	0.195	94.378	0.51	0.175	
	金科金凤半岛片区	透水铺装	1259	59.79	29.53	0.191	89.515	0.51	0.172	
		生物滞留设施	1159	2.84	12.16	0.664	16.66	5.13	0.598	
	华美公园	透水铺装	853.29	28.76	13.84	0.434	43.033	0.51	0.39	
		生物滞留设施	94.52	0.26	5.08	0.635	5.978	5.13	0.571	
	鸥汀片区	透水铺装	16000	9.72	15.35	0.194	25.27	0.51	0.174	
		生物滞留设施	1597	4.15	41.84	0.664	46.650	5.13	0.597	
	桃园小区	透水铺装	565	26	20.07	0.195	46.265	0.51	0.175	
		生物滞留设施	678	2.61	43.78	0.664	47.050	5.13	0.597	
5	北京某片区	生物滞留设施		35.11	8.07	0.66	43.84			[28]
		透水铺装		17.68	3.99	0.19	21.86			
		绿色屋顶		77.87	3.35	4.37	85.59	—	—	
6	天水市某小区	生物滞留设施	2046.65	65.42	7.41	1.68	74.51	5.16	1.51	本书
		透水铺装	3504	55.36	20.16	5.85	81.37	0.51	5.27	
		绿色屋顶	1124	69.10	2.69	3.87	75.66	2.55	3.48	

总体来看，设施碳排放结果具有较大不确定性。由表 3.8 可知 LID 设施建设阶段单位面积碳排放量极差较大，具有波动性，建设阶段单位面积碳排放量最大值约是最小值的 6.9～38.0 倍。这是由于不同地区设施结构层设计存在差异、设施材料碳排放因子来源和运输距离不同导致设施各阶段及全生命周期单位面积碳排放量不确定性较大。同一种设施不同结构、不同材料会导致不同结果，以透水铺装为例，基层厚度不同，所用透水混凝土量也不同，基层厚度为 15cm 透水铺装的全生命周期单位面积碳排放量是 10cm 透水铺装的 1.25 倍。所用材料不同也会导致结果差异性，比如同一结构的透水铺装，找平层使用 1:2 水泥砂浆的透水铺装材料生产产生的单位面积碳排放量，是使用中砂透水铺装的 16.37 倍。不同生命周期时间对 LID 设施单位面积碳排放量影响也很大，尤其运行阶段单位面积碳排放越大，核算结果对生命周期时间敏感性越高[31]。

李俊奇[31]对相关研究文献进行了整理，并对结果进行单位换算，结果见表 3.9。

LID 设施单位面积碳排放 表 3.9

设施	数值类型	不同阶段单位面积碳排放				
		规划建设阶段（kgCO₂/m²）	运行维护阶段		拆除回收阶段（kgCO₂/m²）	全生命周期[kgCO₂/(30a·m²)]
			间接碳排放[kgCO₂/(a·m²)]	直接碳排放		
生物滞留设施	范围	5.34～229.612	0.171～2.174	—	18.12	54.9～98.4
	均值	82.382	0.802	—	—	71.95
绿色屋顶	范围	8.98～85.588	0.234～9.70	—	11.659	64.20
	均值	59.970	4.967	—	—	—
透水铺装	范围	31.481～150.14	0.01～0.692	—	—	86.09～146.2
	均值	82.211	0.24	—	—	107.81

表中全生命周期碳排放不包括碳汇和直接碳排放。对比本研究的各海绵设施的单位面积核算结果可知，本研究对各海绵设施各个阶段以及全生命周期的碳排放核算结果与其他研究相近。

第 4 章

改建居住小区海绵化建设
碳排放核算与分析

4.1 研究区概况及改造方案

以天水市麦积区某改建住宅小区为研究对象,该小区总面积28540m²,整体高程1550~1552m,周边整体地势为西高东低,南高北低。研究区域包含的用地类型为建筑用地(44.20%)、道路用地(39.71%)和绿地(16.10%)。研究区域示意图见图4.1。

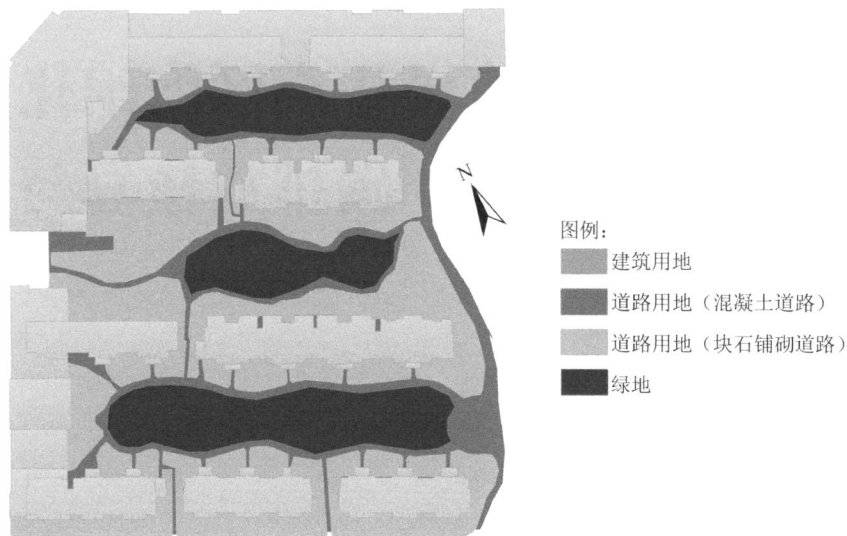

图例:
- 建筑用地
- 道路用地(混凝土道路)
- 道路用地(块石铺砌道路)
- 绿地

图 4.1 研究区域示意图

原小区屋面、道路和绿地的雨量径流系数分别取 0.9、0.9 和 0.15,综合径流系数取三种下垫面的面积加权平均值 0.78,年径流总量控制率为 51.16%。改建建设生物滞留设施面积 1712.65m²,绿色屋顶 2714.26m²,透水铺装 5109.58m²,雨水桶(罐)25.62m²,综合径流系数为 0.61,年径流总量控制率为 86.68%,满足年径流总量控制率达到 85% 的要求。

4.2 碳排放核算

4.2.1 建设阶段碳排放

(1)材料生产碳排放

根据第 3 章海绵城市碳排放核算模型,计算小区海绵化改造的材料生产碳排放量。小区海绵改造包括生物滞留设施、透水铺装、绿色屋顶、雨水桶(罐)和盲管。生物滞留设施和透水铺装的底基层均使用改造前的材料,不计其碳排放。具体情况见表 4.1。

小区海绵改造材料生产碳排放　　　　表4.1

LID设施	结构名称	建材	建材使用量		碳排放因子		碳排放量（kgCO₂）
			单位	数量	单位	数量	
透水铺装	面层	透水砖	m³	281.03	kgCO₂/m³	320.00	89928.60
透水铺装	找平层	砂	m³	153.29	kgCO₂/m³	15	2299.31
	基层	透水混凝土	m³	510.96	kgCO₂/m³	360.00	183945.00
生物滞留设施	覆盖层	树皮填料	假设植被、种植土均为本地移植，所需土壤均就近采用，其碳排放可忽略不计				
	土壤层	种植土层					
	过滤层	土工布	m²	3425.30	kgCO₂/m²	0.16	548.05
		HDPE防渗膜	t	39.92	kgCO₂/t	2620.00	104590.00
绿色屋顶	种植层	宝绿素	t	114.00	—	—	—
	过滤层	长纤维聚酯过滤布	m²	4071.39	kgCO₂/m²	0.16	651.42
	排水层	PVC排蓄水板	t	98.39	kgCO₂/t	1765.00	173658.00
雨水桶（罐）（高0.9m）		HDPE塑料	t	0.92	kgCO₂/t	2620	2416.48
其他	排水管	PVC管	m	2105.83	kgCO₂/m	0.71	1495.14
合计							559532.00

（2）材料运输碳排放

运输方式、运输距离同新建小区，详情见表4.2。

小区海绵化改造材料运输碳排放　　　　表4.2

LID设施	建材	重量（t）	碳排放因子［kgCO₂/(t·km)］	碳排放量（kgCO₂）
透水铺装	透水砖	1405.13	0.057	14096.30
	砂	245.26	0.162	6992.85
	透水混凝土	1328.49	0.179	41852.80
生物滞留设施	土工布	0.51	0.162	14.65
	HDPE防渗膜	39.92	0.179	1257.64
绿色屋顶	宝绿素	114.00	0.179	3591.42
	长纤维聚酯过滤布	0.81		25.65
	PVC排蓄水板	98.39		3099.68
雨水桶（罐）（高0.9m）	HDPE塑料	0.92		29.06
其他	PVC管	5.69	0.162	162.23
合计				71122.28

（3）建造过程碳排放

采用第3章碳排放核算方法，得到建造过程碳排放量为 37563.50kgCO$_2$。

4.2.2 运行维护阶段碳排放

（1）运行阶段碳排放/碳汇

1）运行阶段直接碳排放

海绵化改造小区综合年径流 COD 削减率加权平均为 52.22%，综合年径流 TN 削减率加权平均为 46.94%，则年径流 COD 削减率为 45.43%，年径流 TN 削减率为 40.83%。小区海绵化改造 COD 和 TN 的碳排放量分别为 732.81kg/a 和 277.76kg/a，在 30a 的生命周期内，该研究区域海绵化建设的直接碳排放总量为 30.32t。

2）运行阶段间接碳排放

由于本研究案例区域没有雨水强排泵站，故不计算此项。

3）运行阶段碳汇

结合上文计算方法，小区海绵化改造后碳汇量为 9443.18kgCO$_2$/a，在 30a 生命周期内，海绵改造后小区的碳汇总量为 283295.48kgCO$_2$。

（2）维护阶段碳排放

1）场地设施维护碳排放

相对于小区改造前的场地设施维护阶段碳排放，海绵化改造后多了透水路面的维护，如压力清洗和吸尘。压力清洗和吸尘冲洗的单位碳排放量为 0.017kgCO$_2$/(a·m^2)，此部分碳排放量为 86.86kgCO$_2$/a。海绵化改造用于修复受损设施的碳排放量为 6682.18kgCO$_2$。海绵化改造的场地设施维护 30 年碳排放总量为 9287.98kgCO$_2$。

2）植物管理养护碳排放

海绵化改造小区的植物管理养护碳排放量为 523.58kgCO$_2$/a，30a 生命周期碳排放总量为 15707.26kgCO$_2$。

4.2.3 拆除回收阶段碳排放

海绵化改造小区必须计算拆除之前老旧设施的碳排放量，拆除老旧道路单位面积碳排放量为 1.08kgCO$_2$/m^2[32]，拆除老旧绿地的单位面积碳排放量为 0.54kgCO$_2$/m^2，此部分碳排放量为 6443.18kgCO$_2$。海绵设施拆卸和回收利用产生的碳排放量估计为建设阶段建造过程产生的碳排放量的 90%。这种方法一直用于估算建筑行业的碳排放量[26]。经过计算可得小区海绵化改造后拆除回收阶段的碳排放量为 33807.15kgCO$_2$。故老旧小区海绵化改造拆除回收阶段碳排放量为 44006.70kgCO$_2$。

4.2.4 全生命周期碳排放

海绵化改造全生命周期碳排放如图 4.2 所示。

由图 4.2 可知，海绵化改造小区运行期间产生的碳汇量大于碳排放量，但是由于定义的碳汇只限 LID 设施自身所产生的二氧化碳减少量，所以海绵化改造全生命周期产生的碳汇没有抵消碳源碳排放，因此全生命周期碳排放量为正值。

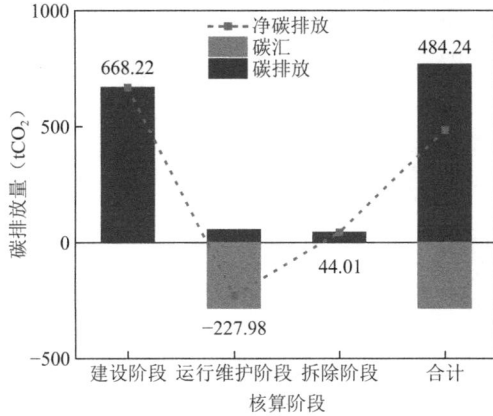

图 4.2 海绵化改造全生命周期碳排放示意图

4.3 碳排放分析

4.3.1 海绵化改造碳源解析

对小区海绵化改造的案例分析表明，30a 生命周期系统的净碳排放量为 484.24tCO$_2$，其中碳排放量为 767.54tCO$_2$，碳汇量为 283.30tCO$_2$，案例研究区每平方米的碳排放量为 16.97kg/m^2。建设阶段碳排放为 668.22tCO$_2$，运行阶段直接碳排放为 30.32tCO$_2$，维护阶段碳排放量（不包含绿地碳汇）为 25.00tCO$_2$，拆除回收阶段碳排放量为 44.01tCO$_2$。各阶段的碳排放量如图 4.3 所示（不计碳汇）。

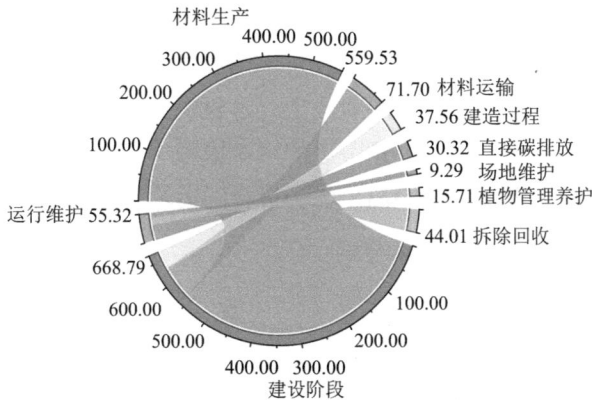

图 4.3 小区海绵化改造各阶段碳排放量（单位：tCO$_2$）

由图 4.3 可知，小区海绵化改造各阶段中建设阶段碳排放量占比最大，为 87.06%。建设阶段中材料生产碳排放量占比最大，占建设阶段的 83.73%。这与李俊奇[28]的研究结论一致。海绵化改造的碳排放量排序为（从高到低）材料生产 > 材料运输 > 拆除回收 > 建造过程 > 运行维护，拆除回收的碳排放大于建造过程是由于拆除回收还包括了拆除改建前设施的碳排放。

图 4.4 为不同 LID 设施各阶段碳排放比例，在建设阶段，透水铺装的碳排放量占比最

大，其次是绿色屋顶。雨水桶（罐）除了材料生产阶段占 0.43%外，其余几乎可以忽略不计。结果表明，4 种设施的碳排放量从大到小的顺序为：透水铺装 > 绿色屋顶 > 生物滞留设施 > 雨水桶（罐）。

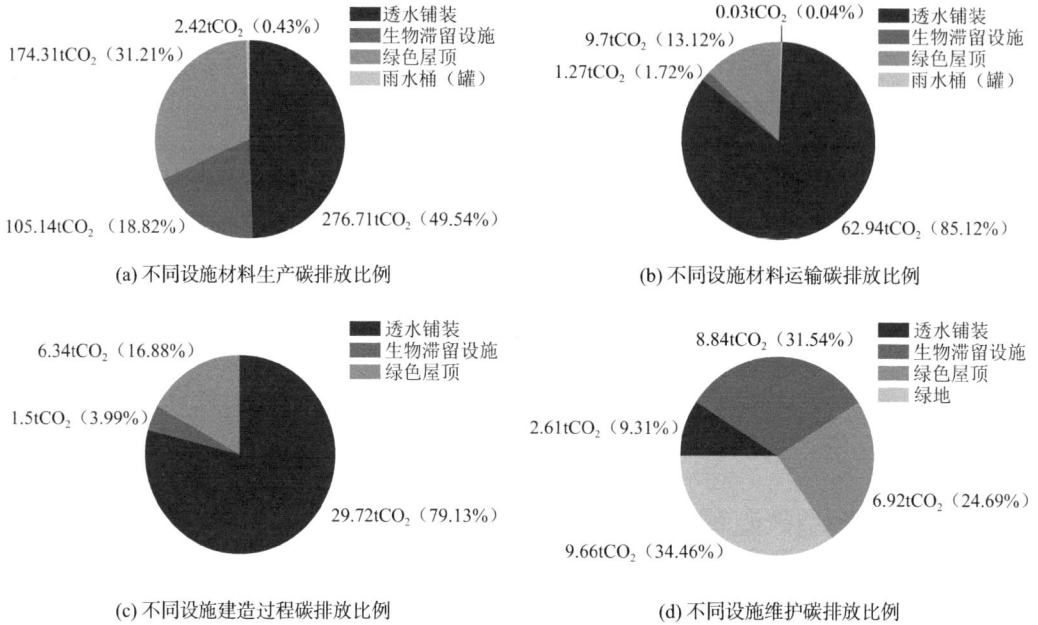

(a) 不同设施材料生产碳排放比例

(b) 不同设施材料运输碳排放比例

(c) 不同设施建造过程碳排放比例

(d) 不同设施维护碳排放比例

图 4.4　不同 LID 设施各阶段碳排放比例

各种材料生产的碳排放量如图 4.5 所示。在海绵化改建中使用的所有材料生产的碳排放中，HDPE 和 PVC 材料占很大比例，这两种材料的消耗量与透水混凝土相比并不多，这是因为案例研究区建设透水铺装面积远大于生物滞留设施，所以透水混凝土使用量大，但 HDPE 和 PVC 材料生产碳排放量在总碳排放量中依然占很大比例，这一结果与 Xu 等[33]的研究一致，即 PVC 和 HDPE 等塑料的消耗对海绵城市建设的碳排放有显著贡献，塑料的生产过程复杂，生产阶段的碳排放量相对较大。各材料运输的碳排放由运输材料的重量、运输距离和消耗的燃料决定，因此，这一项的减排措施主要包括使用清洁和可再生燃料，以及就近采购建筑材料，缩短运输距离。各种材料的运输碳排放量如图 4.6 所示。

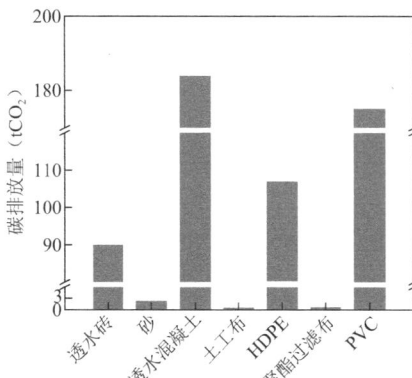

图 4.5　各材料生产碳排放

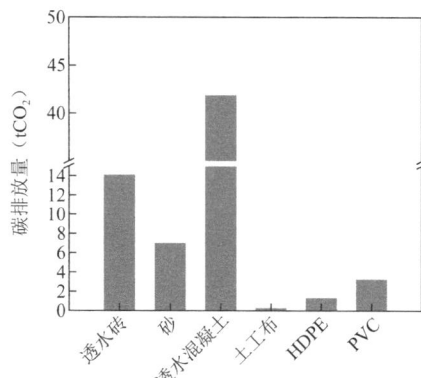

图 4.6　各材料运输碳排放

4.3.2 敏感性分析

采用 Morris 法进行敏感性分析，选取透水混凝土、PVC、运输距离、绿地固碳率作为海绵化建设的影响因素，将所有可能影响碳排放的因素进行±20%和±10%的变化。

影响因素的变化对改建小区海绵化改造各阶段碳排放的影响见表 4.3 和图 4.7。

影响因素变化对改建小区各阶段碳排放和全生命周期碳排放的影响　　表 4.3

周期	影响因素	对应的阶段	影响因素变化程度			
			−20%	−10%	10%	20%
各阶段	透水混凝土	材料生产	−6.57%	−3.29%	3.29%	6.57%
各阶段	PVC	材料生产	−6.21%	−3.10%	3.10%	6.21%
	运输距离（透水混凝土）	材料运输	−11.77%	−5.88%	5.88%	11.77%
	绿地固碳速率	运行维护	24.85%	12.43%	−12.43%	−24.85%
全生命周期	透水混凝土		−7.60%	−3.80%	3.80%	7.60%
	PVC		−7.17%	−3.59%	3.59%	7.17%
	运输距离（透水混凝土）		−1.73%	−0.86%	0.86%	1.73%
	绿地固碳速率		−11.7%	−5.85%	5.85%	−11.7%

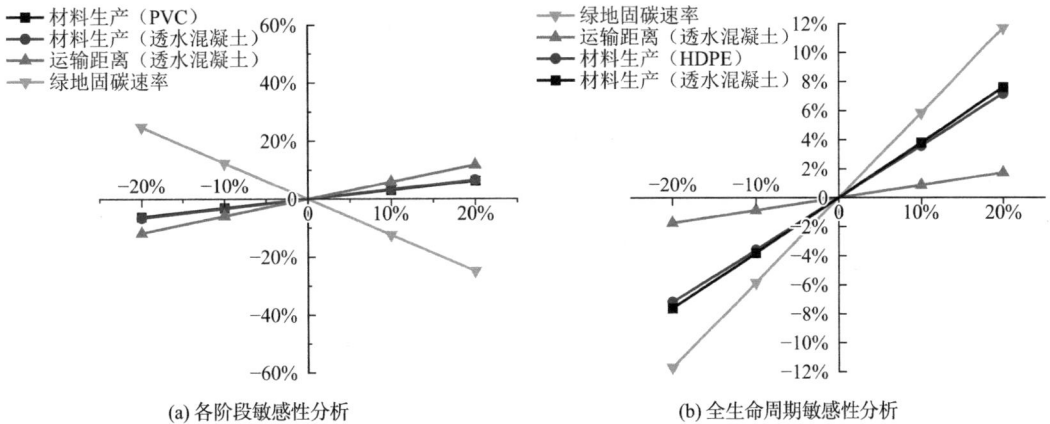

(a) 各阶段敏感性分析　　　　　　　　　(b) 全生命周期敏感性分析

图 4.7　改建小区各阶段碳排放和全生命周期碳排放敏感性分析

可以看出，透水混凝土对海绵化建设材料生产和材料运输的影响最大，分别为±6.57%、±11.77%，对全生命周期影响分别为±7.60%、±1.73%。在运行维护过程中，绿地固碳速率的变化使运行维护阶段和全生命周期的碳排放量分别变化了±24.85%、±11.7%。可以得出，影响因素变化对全生命周期碳排放的影响程度排序为绿地固碳速率 > 透水混凝土材料生产 > PVC 材料生产 > 透水混凝土运输距离。

4.3.3 LID 设施碳排放核算结果比较

30a 生命周期各 LID 设施碳排放量：生物滞留设施为 3.75tCO$_2$，绿色屋顶为 170.24tCO$_2$，透水铺装为 398.24tCO$_2$。

计算单位面积海绵设施全生命周期的碳排放量见表 4.4。

各 LID 设施 30 年生命周期单位面积碳排放（单位：kgCO$_2$/m^2） 表 4.4

阶段		建设阶段				运行维护阶段	拆除回收阶段	碳汇	合计
		材料生产	材料运输	建造过程	合计				
设施	生物滞留设施	61.39	0.74	1.42	63.55	5.16	0.79	−66.77	2.73
	绿色屋顶	64.22	2.47	2.33	69.02	2.55	2.10	−10.95	62.72
	透水铺装	54.05	12.32	6.90	73.27	0.51	5.24	—	79.02

对比各海绵设施的单位面积核算结果可知，本研究对各海绵设施各个阶段以及全生命周期的碳排放核算结果均在合理范围之内，因此核算结果正确可靠。

4.4 新建和改建海绵化小区碳排放比较研究

由于新建和改建海绵化小区建设规模不同，LID 设施建设方式不同，核算内容也有差别，总碳排放量对比无法体现不同海绵化小区全生命周期碳排放量的差异，因此比较两个小区的单位面积碳排放量，新建小区比改建小区每平方米碳排放多 14.19kgCO$_2$。新建小区碳排放量大于改建小区，这是由于新建小区面积大于改建小区，而且新建小区的海绵设施布设面积均比改建小区大，且改建小区因地制宜，LID 设施底基层仍使用之前的结构。

图 4.8 为新建和改建小区 LID 设施单位面积碳排放比较。

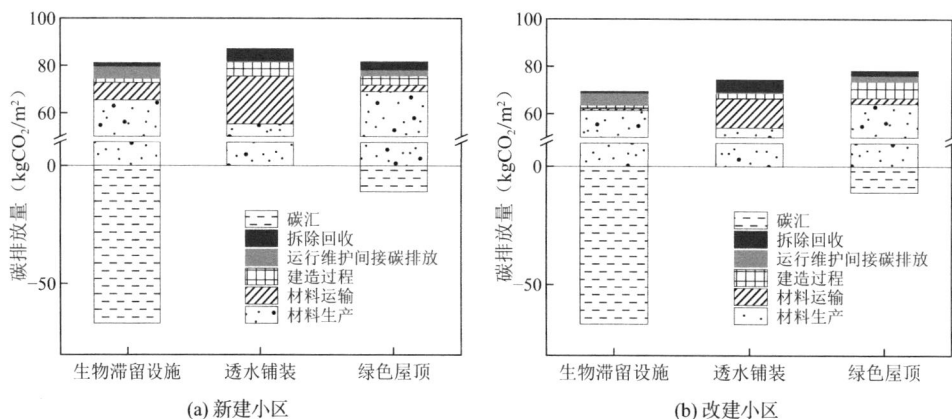

图 4.8　海绵化小区 LID 设施单位面积全生命周期碳排放量

由图可得两个小区同种类 LID 设施单位面积碳排放量的差别主要产生于建设阶段，虽然改建小区建造过程需要计入拆除改建前设施的碳排放，但这部分碳排放依旧远小于底基层材料的生产和运输带来的碳排放。因此改建小区 LID 设施单位面积碳排放量也均小于新建小区，改建小区比新建小区生物滞留设施每平方米少产生碳排放 12.22kgCO$_2$，绿色屋顶每平方米少产生 8.02kgCO$_2$，透水铺装每平方米少产生 9.21kgCO$_2$。

4.5 碳减排策略研究

（1）在材料选择上，应尽量采用节能低碳的海绵城市建筑材料，建议使用更环保的低碳排放系数材料、可再生材料以及由工业或城市固体废物生产的材料，以降低源头碳排放。在材料生产上采取低温余热发电，减少材料生产能耗的电力碳排放。同时优化材料生产工艺，在燃料方面节能减碳。

（2）在材料运输上，尽量选择离施工场地近、施工工艺节能的本地制造商。由于材料的密度和厚度大，就近选择材料产地，不仅运输方便，还可以减少运输碳排放，同时提高运输车辆能源效率。

（3）在建造过程中，采用节能环保技术，减少化石能源使用，尽量减少场内运输油耗及机械能耗。例如，在园林绿地使用光伏发电和风光互补路灯照明，利用再生能源进行绿化的灌溉及施工照明，使用 LED 节能光源用于夜间施工。

（4）在植物种植方面，根据植物生长特点、形状等合理布置植物群落，从源头处减轻植物生长对周边环境的影响。在植物选择方面，要尽量选择固碳能力、抗旱能力强的植物品种。植物管理养护方面，充分发挥海绵设施雨水储蓄功能，降低灌溉用水的需求量。减少化肥的使用，并结合有机肥料，或将修剪的草坪草和落叶与化粪池内的污物混合堆肥，以减少碳排放。采用生物防治方法，适量养一些害虫天敌来减少害虫，以降低杀虫剂的使用量。

第 5 章

生物滞留设施的碳排放强度及优化

5.1　研究区域概况

研究区属于甘肃省天水市城区某新建小区中的一个汇水分区，对该汇水分区进行生物滞留设施模拟。研究区面积为2930m²，用地类型包括建筑用地、绿地和道路用地（包括混凝土路面和块石铺砌路面两类）。

5.2　实验设计

根据海绵城市建设的相关规范和现有文献，确定了生物滞留设施的基本参数和影响因素范围。气候条件的变化范围为使用当地降雨强度公式计算的降雨量的±20%，步长为10%，$C-20$、$C-10$、C、$C+10$和$C+20$分别代表使用当地降雨强度公式计算出的降雨量的80%、90%、100%、110%和120%。蓄水层高为100～300mm（步长为50mm），渗透系数为50～150mm/h（步长为25mm/h）。设施面积分别为45.5m²、72.8m²、91m²、136.5m²、182m²和273m²，相当于设施面积占绿地面积比例的5%、8%、10%、15%、20%和30%。各影响因素的对应值见表5.1。

影响因素取值　　　　　　　　　　　　　　　表5.1

影响因素	取值				
气候条件	$C-20$	$C-10$	C	$C+10$	$C+20$
蓄水层高（mm）	100	150	200	250	300
渗透系数（mm/h）	10	25	50	100	200
布设面积（m²）	45.5	72.8	91	136.5	182	273

为确定不同水平单一影响因素下的碳排放强度，采用单因素实验方法，建立了19个不同影响因素下的模拟情景（其方案编号分别为1～18和36）。之后，通过正交实验建立了24个情景，即方案编号19～42。确定各个影响因素对碳排放强度的相关性强度。每个方案的详细信息如表5.2所示。

模拟情景　　　　　　　　　　　　　　　　　表5.2

方案编号	影响因素				方案编号	影响因素			
	气候条件	蓄水层高（mm）	渗透系数（mm/h）	布设面积（m²）		气候条件	蓄水层高（mm）	渗透系数（mm/h）	布设面积（m²）
1	0.8	200	50	91	3	1.1	200	50	91
2	0.9	200	50	91	4	1.2	200	50	91

方案编号	影响因素				方案编号	影响因素			
	气候条件	蓄水层高（mm）	渗透系数（mm/h）	布设面积（m²）		气候条件	蓄水层高（mm）	渗透系数（mm/h）	布设面积（m²）
5	1	100	50	91	24	0.9	150	25	72.8
6	1	150	50	91	25	0.9	200	100	182
7	1	250	50	91	26	0.9	250	10	91
8	1	300	50	91	27	0.9	300	50	45.5
9	1	200	10	91	28	1	100	100	72.8
10	1	200	25	91	29	1	150	10	182
11	1	200	100	91	30	1	200	50	91
12	1	200	200	91	31	1	250	200	45.5
13	1	200	50	45.5	32	1	300	25	136.5
14	1	200	50	72.8	33	1.1	100	50	182
15	1	200	50	136.5	34	1.1	150	200	91
16	1	200	50	182	35	1.1	200	25	45.5
17	1	200	50	273	36	1.1	250	100	136.5
18	0.8	100	10	45.5	37	1.1	300	10	72.8
19	0.8	150	50	136.5	38	1.2	100	25	91
20	0.8	200	200	72.8	39	1.2	150	100	45.5
21	0.8	250	25	182	40	1.2	200	10	136.5
22	0.8	300	100	91	41	1.2	250	50	72.8
23	0.9	100	200	136.5	42	1.2	300	200	182

5.3 单因素实验结果与分析

5.3.1 气候条件

如图 5.1 所示，气候变化影响雨水控制性能，随着降雨强度的增大，设施的年径流总量控制量增加，这表明生物滞留设施具有对不同降雨情况的雨水控制能力。不同气候条件下的生命周期碳排放量范围为 $-874.1175 \sim -657.3433 kgCO_2$。碳排放强度范围为 $-0.0306 \sim -0.0176 kgCO_2/m^3$，变化趋势与生命周期碳排放量一致，变化范围为 74%。这是由于生物滞留设施参数不变，全生命周期碳排放量随着降雨量的增加而逐渐增加。施工和拆除阶段的碳排放量和碳汇保持不变。然而，气候条件的变化导致了降雨的变化，径流中的有机物被生物滞留设施处理，在运维阶段直接增加了碳排放，增加了生命周期碳排放。

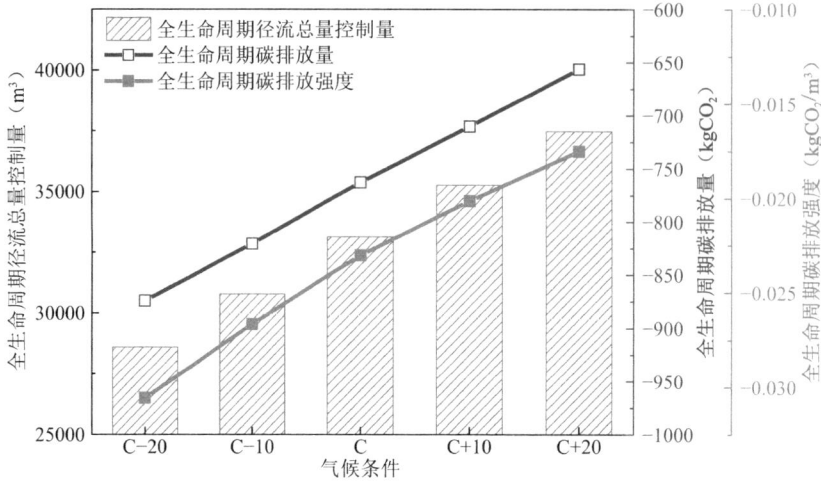

图 5.1 气候条件对碳排放和碳排放强度的影响

5.3.2 蓄水层高

如图 5.2 所示，蓄水层高越大，雨水控制能力越强，主要体现在年径流总量控制量的增加上。根据蓄水层高的增加，年径流总量控制量呈上升趋势，蓄水层越高，径流控制设施的效益越显著，与 Tu 等[34]的研究结果相似。当雨水流入生物滞留设施时，一部分通过土层渗入，另一部分储存在含水层中。含水层的高度越高，设施中可以容纳的雨水径流就越多，雨水径流的储存能力就越大。生物滞留设施全生命周期碳排放量从蓄水层高为 100mm 时的 $-827.2060kgCO_2$ 增加到蓄水层高为 300mm 时的 $-695.6845kgCO_2$。碳排放强度随蓄水层高的增加呈单调增加趋势，从 $-0.0271kgCO_2/m^3$ 到 $-0.0194kgCO_2/m^3$，变化范围达 40%。增加的蓄水层高使生物滞留设施在运行和维护期间能够保留更多的雨水，因此，雨水净化量大，运行阶段的直接碳排放量也相应高。

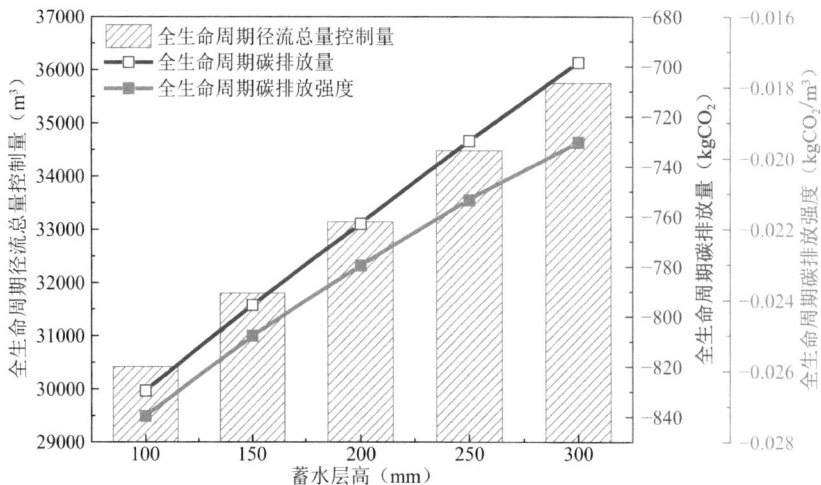

图 5.2 蓄水层高对碳排放量和碳排放强度的影响

5.3.3 渗透系数

如图 5.3 所示，生物滞留设施的渗透系数与雨水控制性能有着相同的变化趋势。渗透系数 10～100mm/h 时雨水控制效果的变化影响最大。随着渗透系数的增大，生物滞留设施对雨水控制效果的影响逐渐减小。这是因为在降雨期间，当径流雨水流入土壤空隙时，土壤渗透系数逐渐降低并最终达到稳定值。较高的初始渗透系数可以减缓这种情况的发生，且径流控制效果得到改善。这与 Pan 等人[35]的研究结果相似。生物滞留设施的土壤渗透系数在 50～200mm/h 之间，生物滞留设施全生命周期碳排放量为 -886.6840～-676.5319kgCO$_2$。碳排放强度值随土壤渗透系数的增大呈单调增大趋势，范围为-0.0316～-0.0185kg CO$_2$/m^3。与 50mm/h 相比，200mm/h 渗透系数的碳排放强度提高了 71%。因为土壤渗透性的变化影响了生物滞留设施的雨水控制能力，正如 Haaland 等[36]所证明的那样。这反过来又影响了生物滞留设施净化的雨水量，进而影响运维阶段的碳排放。在全生命周期评估边界内，土壤渗透性的变化不影响施工和拆除阶段碳排放强度的变化。因此，土壤渗透系数的增大导致了全生命周期碳排放强度的增大。

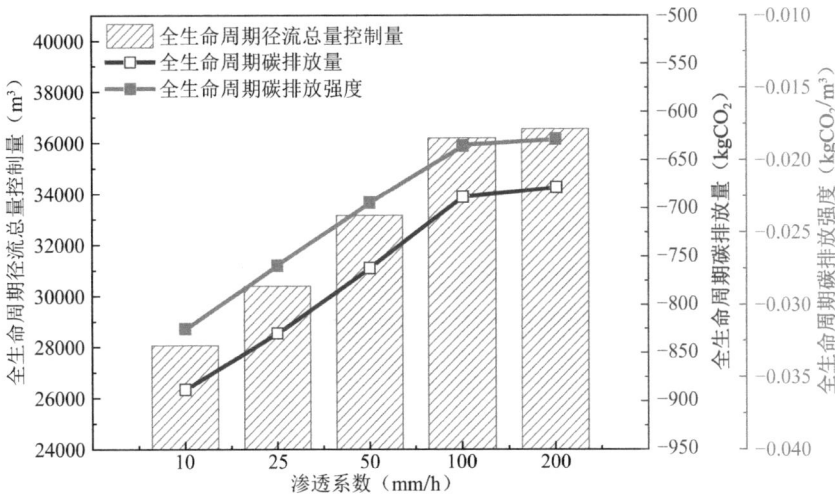

图 5.3 渗透系数对碳排放和碳排放强度的影响

5.3.4 布设面积

布设面积是生物滞留设施的主要设计参数之一，它可以直接影响设施的蓄水量。如图 5.4 所示，其值越大，意味着生物滞留设施占用的绿地越多，雨水控制性能也随之提高。这是因为布设面积的变化不影响土壤渗透速率，总体上，随着布设面积比例的增加，进水流量增大，设施调节径流的能力增强。全生命周期碳排放量随生物滞留设施面积与绿地面积比值的增大而单调增大。当生物滞留设施占绿地面积的 30% 时，全生命周期碳排放量为 -0.0852kgCO$_2$/m^3。径流总量控制量的碳排放强度随着全生命周期碳排放量的减少而减少，从-0.0040kgCO$_2$/m^3 下降到-0.0852kgCO$_2$/m^3，变化范围为 95%。用全生命周期理论解释这种现象：设施面积增大，导致施工、运维、拆除等阶段的碳排放强度增大。另一方面，生物滞留设施面积的增大导致不透水面和绿地面积的增大，从而带来碳汇效应的增强[37]。全生命周期碳汇的增加，可以抵消部分建设、运维、拆除阶段碳排放强度的增加，减缓全生命周期碳排放增加的趋势。因此，生物滞留设施面积越大，固碳效果越显著，碳排放量越低。

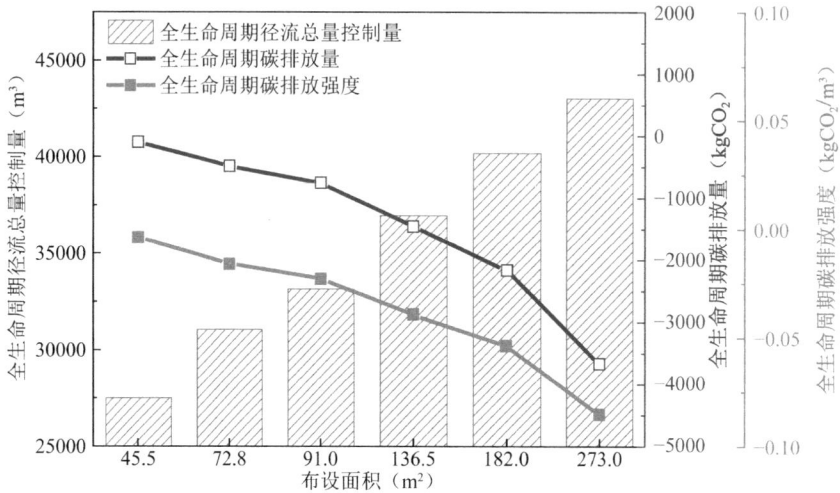

图 5.4 布设面积对碳排放和碳排放强度的影响

5.4 正交实验结果与分析

图 5.5 说明了与生物滞留设施相关的各种场景在整个生命周期中径流总量控制量结果、碳排放量和碳排放强度。这些方案对应于表 5.2 中的方案 19~42。

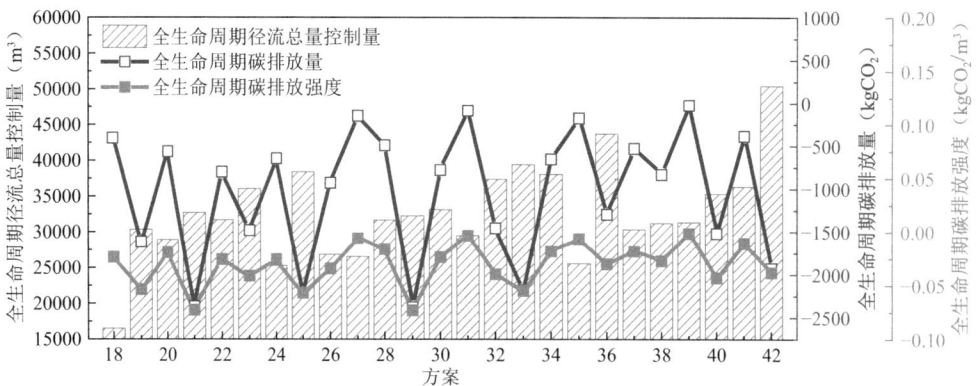

图 5.5 方案 19~42 关于径流总量控制量碳排放强度的结果

在 24 组方案中，全生命周期径流控制值的减少量在 16582.2064~50697.7611m³ 之间变化。全生命周期碳排放量范围为 −2357.9866~−14.2365kgCO$_2$，降雨体积捕获碳排放强度范围为 −0.0728~−0.0005kgCO$_2$/m³。为了验证各种影响因素对生物滞留设施性能的影响，使用水平差分析进行了正交实验，结果如表 5.3 所示。

碳排放强度正交实验结果 表 5.3

均值和极差	气候条件	蓄水层高	渗透系数	布设面积
K_1	−0.1513	−0.1891	−0.1813	−0.0379
K_2	−0.1637	−0.1488	−0.1565	−0.0730
K_3	−0.1603	−0.1885	−0.1476	−0.1101
K_4	−0.1489	−0.1240	−0.1611	−0.2351
K_5	−0.1639	−0.1377	−0.1415	−0.3320
R	0.0150	0.0090	0.0150	0.0520

根据表 5.3 中碳排放强度极差分析结果，不同因素（气候条件、蓄水层高、渗透系数和布设面积）的系数（R）分别为 0.0150、0.0090、0.0150 和 0.0520。极端差值中的 R 值越高，表示相应因子的影响越大。

分析了四个因子对径流总量控制量碳排放强度的影响，依次为布设面积、渗透系数、气候条件和蓄水层高。因此，在生物滞留设施的设计中，考虑到其对径流总量控制和碳排放的显著影响，可以优先考虑生物滞留设施的面积比。本研究进一步得出结论，与其他设计参数相比，生物滞留设施面积对碳排放强度的影响更为显著。

5.5 年径流总量控制率与碳排放强度的关系分析

将测试结果分为 11 组，分析了方案 1～42 的年径流总量控制率和碳排放强度。控制率从 45% 开始，以 5% 的增量增大。然后使用箱线图分析数据（图 5.6）。

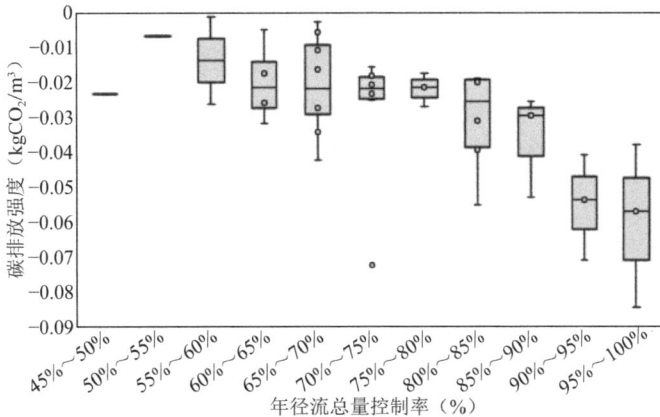

图 5.6 不同年径流总量控制率下的碳排放强度

如图 5.6 所示，径流总量控制率分布范围在 45%～100% 内，范围较广。不同径流总量控制率区间内数据点分布呈非均匀态势，分布数量最多的区间为 65%～70% 和 80%～85%，分别有 8 个实验方案。65%～70% 区间内碳排放强度最小为 −0.042$kgCO_2/m^3$，为方案 40，碳排放强度最大值为 −0.002，为方案 18。80%～85% 内碳排放强度自方案 33 的

$-0.055kgCO_2/m^3$ 增加至方案 11 的 $-0.018kgCO_2/m^3$。分布最少的区间为 45%～50% 和 50%～55%，均仅有 1 个实验方案。

这表明，首先，生物滞留设施方案的实施可以在一定范围内控制水量，部分方案可以在单独设置的前提下满足当地的径流总量控制率大于 85% 的要求，无须在研究区内增设其他低影响开发设施。其次，在同一径流总量控制率区间下，部分方案的碳排放强度值变化范围大于区间步长占整体的比重，这说明同一范围内的径流总量控制率的不同方案会带来不同的碳排放效果，如何在保证径流总量控制率的前提下，使得生物滞留设施的碳排放强度最小，是值得研究的方向。碳排放强度随着径流总量控制率的增大整体呈下降趋势。由于布设面积对全生命周期各阶段的碳排放强度的影响大，75%～80% 区间内方案的布设面积相同，故该区间内的碳排放强度稳定。在 60%～65% 区间内碳排放强度波动最大，最大值为方案 25，该方案布设面积为 182 单位，渗透系数和蓄水层高均在较低值。两区间同时证明了布设面积对碳排放强度的影响最大。

5.6　全生命周期成本与生物滞留设施性能、碳排放的关系

如图 5.7 所示，将方案的成本分为 1 万～3 万元、4 万～6 万元和 8 万～9 万元三个组，其中，分布在 2 万～3 万元区间内的方案最多，有 23 个，这是由于布设面积对生物滞留设施的成本起到主要影响作用，布设面积为 $72.8m^2$ 和 $91.0m^2$ 的成本均在该区间内。由图 5.7（b）、（c）可知，随着成本的增加，生物滞留设施控制的水量逐渐增加，全生命周期碳排放量和碳排放强度逐渐减小。面积增大是成本增加的主要原因。成本和全生命周期碳排放量成反比，生物滞留设施的布设面积增大，设施在降雨过程中可控制水量的容积增大，绿地面积可以带来碳汇，随着布设面积的增大固碳量增加。碳汇量可以抵消生物滞留设施建设与运维过程中增大的碳排放。Han 等[38]指出，生物滞留设施规模越大，社会效益越高。然而，他们的研究结果并不包括与社会效益相关的碳排放结果。成本变化和碳排放强度变化成反比，表明随着布设面积的增大生物滞留设施控制单位水量的碳排放量减少。

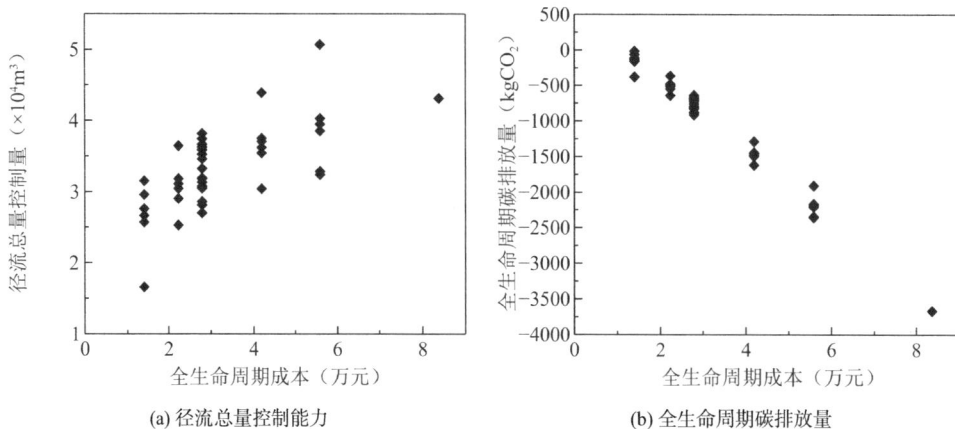

(a) 径流总量控制能力　　　　　　　　　　(b) 全生命周期碳排放量

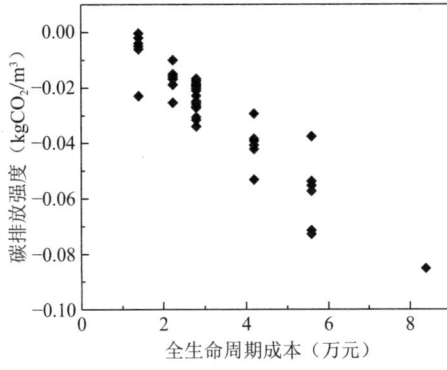

(c) 碳排放强度关系

图 5.7 全生命周期成本和不同因素的关系

第 6 章

基于碳排放强度的居住小区 LID 设施优化布置

前文研究为海绵城市建设项目的碳排放核算和碳减排效益提供了理论基础和数据支撑。但是还存在两方面的问题，一是缺少海绵城市建设方案碳排放量大小的横向比较方法，如不同城市不同区域海绵城市碳排放量比较，以及同一区域不同 LID 设施组合方案的碳排放量大小比较；二是以碳排放为目标的 LID 设施优化布局还需开展研究。鉴于海绵化建设的最基本的目标是径流总量控制率，本文定义了 LID 设施全生命周期径流总量控制量的碳排放强度，其含义为全生命周期碳排放量与径流总量控制量的比值。以径流总量控制量的碳排放强度为优化指标，构建 LID 设施组合优化布置模型，以小区为例，研究 30 年全生命周期的单一 LID 设施布设面积对雨洪控制效果、碳排放量和碳排放强度的影响，基于响应面法对 LID 设施组合方案进行优化，获得以碳排放强度为优化目标的 LID 优化布置方案。研究成果为 LID 设施组合方案提供一种低碳路径，以期为我国海绵城市建设项目的低碳建设提供参考。

以 4.1 节中天水市新建居住小区为例，参照《室外排水设计标准》[39]和《海绵城市建设技术指南-低影响开发雨水系统构建》[40]，屋面、绿地和道路的雨量径流系数分别取 0.9、0.9 和 0.15，综合雨量径流系数取三种下垫面的面积加权平均值，为 0.78。根据《天水市系统化全域推进海绵城市建设示范城市实施方案》，小区年径流总量控制率须达到 85%以上。

为实现源头减排、雨水净化等设计目标，在小区设置雨水花园、透水铺装和绿色屋顶等三种 LID 设施，其雨水径流路径见图 6.1。

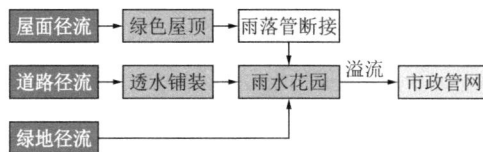

图 6.1 研究区 LID 设施雨水径流路径

6.1 LID 设施组合优化布置模型

本研究的目的是为海绵城市 LID 设施组合提供一种优化的方法，分析 LID 设施组合方案碳排放水平，量化海绵城市建设的碳减排效果和雨洪控制效果，构建 LID 设施组合优化布置模型，如图 6.2 所示。

首先，通过 InfoWorks ICM 软件进行研究区 LID 设施组合的雨洪控制模拟，并计算出全生命周期径流总量控制量，同时建立 LID 设施碳排放核算方法用以计算 LID 设施组合全生命周期碳排放量，将 LID 设施全生命周期的碳排放量和径流总量控制量的比值定义为碳排放强度。其次，设置每种 LID 设施的面积范围，以碳排放强度为优化指标，运用响应面法优化 LID 设施组合，得出最优方案。最后，确定最优方案的年径流总量控制率是否达标，如果达标则确定此方案为最优方案，如果不达标则在年径流总量控制率达标的方案中选择次优方案作为最优方案。

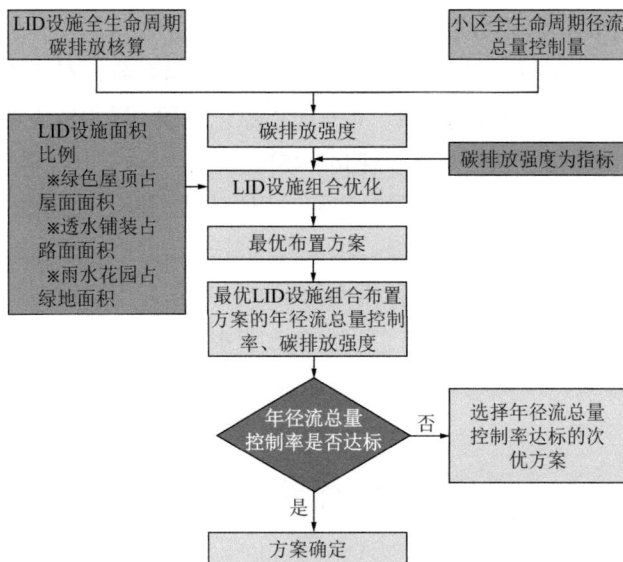

图 6.2　LID 设施组合优化布置模型

6.2　模型构建

模型概化、参数设置及模型验证

通过 InfoWorks ICM 软件进行模拟，该软件属于城市综合流域排水模型，既能对城市雨水循环系统进行全流域模拟，又能对多种雨水调蓄、利用设施的运行效果进行模拟评估，以预防城市内涝、控制初期雨水和利用雨水资源提供技术支持[41]。

小区模型构建界面如图 6.3 所示。

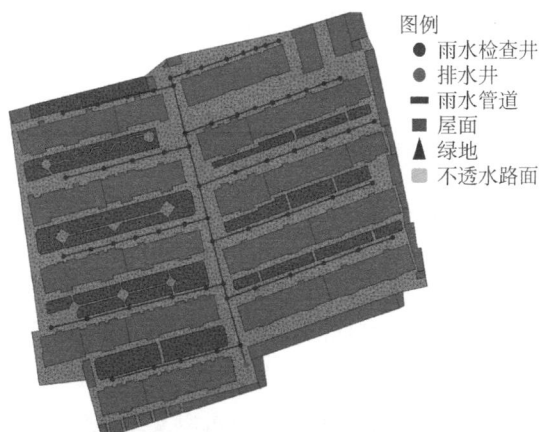

图 6.3　模型构建界面示意图

根据研究区地形、土地利用情况和设计图纸等资料构建雨水径流模型，并将其概化为 8 个子汇水区，64 个节点和 1 个出水口，64 根管道。根据文献[42-44]及模型手册，确定模型初始参数。本研究产流模块选择固定百分比径流模型与霍顿下渗模型，不透水下垫面（屋面和道路）在降雨中的径流系数取 0.9；透水表面（绿地）在降雨中径流系数取 0.15。汇流模块选择 SWMM 径流模型，定义不同下垫面的地表粗糙系数，对于不透水面，汇流参数取 0.011，对于透水面，汇流参数取 0.2。本书选用绿色屋顶、透水铺装和雨水花园 3 种 LID 设施，各 LID 设施具体参数通过参考文献[44-45]设置。

根据《城镇内涝防治系统数学模型构建和应用规程》，模型率定时，优先使用流量和液位等过程监测数据，其次使用积水深度、积水范围等[46]。由于天水市还未建设完善的雨水管网监测系统，因此采用积水深度进行模型的率定。率定降雨选用 2018 年 7 月 10 日实测降雨，降雨深度为 47.7mm。模拟结果表明，最大积水深度为 0.19m，位于东北角，与历史记录的 0.20m 基本一致，模型具有较高的可靠性。

6.3　响应面法优化设计

确定影响碳排放强度的绿色屋顶、透水铺装和雨水花园三种设施的面积范围，进行 LID 设施布设面积的组合，以小区 LID 设施组合的碳排放强度为响应值，采用响应面法进行三种设施组合的优化。采用 Box-Behnken 设计三因素三水平的优化模拟：对关键因素进行优化分析获得二阶响应面模型，在满足年径流总量控制率目标的前提下，从低碳角度确定三种 LID 设施组合的最优面积比例。

6.4　单一 LID 设施研究

在小区无任何 LID 设施的情况下，分别单独设置绿色屋顶、透水铺装和雨水花园三种设施。将透水铺装、雨水花园及绿色屋顶按公差为 10% 的等差数列设置，设置透水铺装占路面面积的 10%～90% 共 9 个比例、雨水花园占绿地面积的 10%～90% 共 9 个比例、绿色屋顶占屋面面积的 10%～90% 共 9 个比例。以 LID 设施的碳排放强度作为考察对象，研究单一 LID 设施随着布设面积比例的变化对碳排放强度的影响。

6.4.1　布设面积对单一 LID 设施全生命周期径流总量控制量的影响

考察单一 LID 设施不同布设面积对小区径流总量控制量的影响，结果见图 6.4。海绵城市建设有许多控制目标，主要控制目标为径流总量控制量、峰值流量和径流污染削减量。其中，径流控制量是主要控制目标，对径流峰值和污染的控制大多可以通过对径流总量的控制来实现，达到径流总量控制目标的前提下也可以实现其他目标的控制，因此径流总量控制量往往被选择为 LID 设施的主要控制目标。单一 LID 设施布设面积直接影响小区径流总量控制量的大小，其面积越大，意味着透水铺装占路面面积、雨水花园占绿地面积、绿色屋顶占屋面面积越大，对小区雨水径流总量控制能力逐渐提高[45]。总体上，随着单一 LID 设施面积的增大，其对雨水径流调节的能力不断增强，绿色屋顶、雨水花园和透水铺装的全生命周期径流总量控制量都随面积比例增大而增大。全生命周期总降雨量为400516.20m³，在年径流总控制率为85%以上的目标下，需要控制的总流量为340438.77m³，可见只布置单一设施无法达到年径流总量控制目标，为达到年径流总量控制目标还需进行LID 设施的组合。

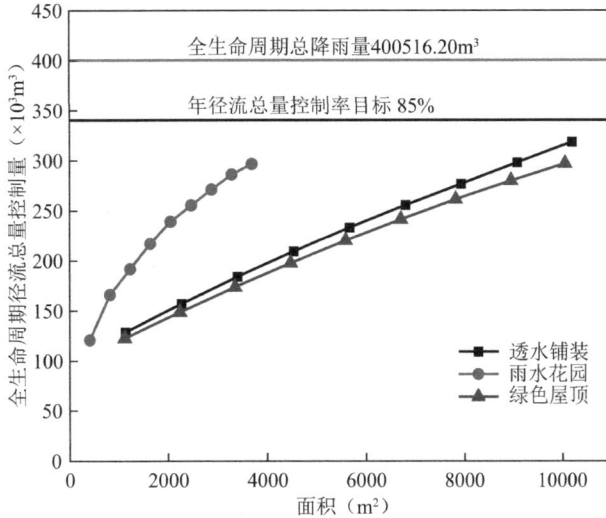

图 6.4 单一 LID 设施对全生命周期径流总量控制量的影响

Ou 等[47]提出了"海绵等效"方法，以生物滞留设施为研究单元，将其他设施的径流总量控制量换算成与生物滞留设施的比值，计算出海绵等效设施，从而使不同设施的控制效果标准化，简化了不同类型 LID 设施的比较和计算。由于本研究 LID 设施布设面积不同，故将原数值换算为单位设施面积下的径流总量控制量，以全生命周期单位面积雨水花园的径流总量控制量计算为例，将全生命周期单位面积雨水花园的径流总量控制量作为基准，计算透水铺装和绿色屋顶的全生命周期径流总量控制量当量。经过计算得到全生命周期单位面积雨水花园的平均径流总量控制量为 140.92m³，全生命周期单位面积绿色屋顶的平均径流总量控制量为 49.18m³，全生命周期单位面积透水铺装的平均径流总量控制量为 51.30m³，1m² 绿色屋顶的全生命周期径流总量控制量等于 0.35m² 雨水花园的控制量，此时，绿色屋顶的全生命周期径流总量控制量当量为 0.35，透水铺装的全生命周期径流总量控制量当量为 0.36。由结果可知，雨水花园的全生命周期径流总量控制量最高，透水铺装次之，这与吕凤雏等[45]的研究结果一致，这是因为雨水花园是生物滞留设施的一种，它的蓄水层、排水层、植被层、土壤层等的整体深度较大，对雨水的径流总量控制效果好，且雨水花园除了对其自身区域有较好径流控制效果外，还对附近地面或草地等透水面和不透水面的径流也有显著的控制效果。透水铺装主要作用是增大下垫面下渗能力，雨水可以通过基层中的排水管直接排到市政管网，处理的径流相对较少。而绿色屋顶径流总量控制量最低，这是由房屋承受荷载能力所限，基质层、蓄排水层深度较小，且绿色屋顶只能削减其本身覆盖区域的水量，其径流总量控制效果差于雨水花园和透水铺装[48]。

6.4.2 单一 LID 设施碳源解析

单一 LID 设施单位面积的各个阶段碳排放量（由于直接碳排放与暴雨强度有关，故不包括直接碳排放）如图 6.5 所示。

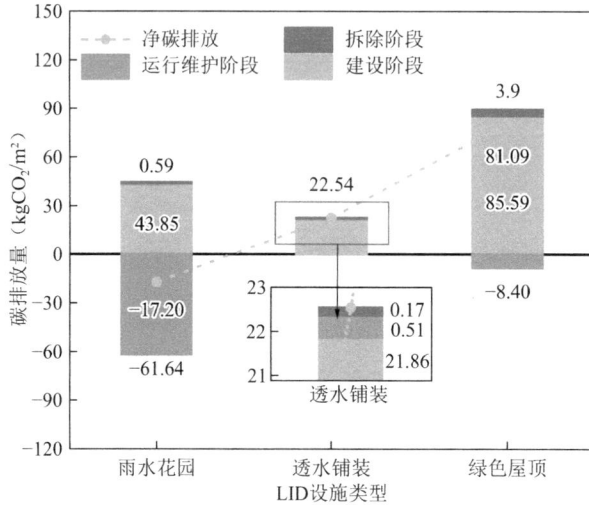

图 6.5 单项 LID 设施全生命周期单位面积碳排放量

三种 LID 设施的单位碳排放量差异较大，绿色屋顶建设阶段和拆除阶段的碳排放量最大，这与 Moore 等[49]得出的绿色屋顶碳足迹最高的结论一致，分别为 85.59kgCO$_2$/m^2 和 3.90kgCO$_2$/m^2，全生命周期产生的碳汇为−8.40kgCO$_2$/m^2，但没有抵消产生的碳排放；其次是雨水花园，建设阶段碳排放量为 43.85kgCO$_2$/m^2，拆卸阶段碳排放量为 0.59kgCO$_2$/m^2，其碳汇主要来自于本身的绿植固碳作用，全生命周期产生的碳汇为−61.64kgCO$_2$/m^2，大于建设阶段、维护阶段和拆卸阶段的碳排放量，即在全生命周期内能达到中和并产生碳汇；而透水铺装在小区尺度本身没有碳汇来源，所以透水铺装只有碳排放，没有碳汇，单位面积透水铺装建设阶段、运行维护阶段和拆卸阶段的碳排放量分别为 21.86kgCO$_2$/m^2、0.51kgCO$_2$/m^2、0.17kgCO$_2$/m^2。此结果与马洁[50]等人研究的各阶段碳排放量分布结果相似。

6.4.3 布设面积对单一 LID 设施全生命周期碳排放量的影响

理论上，LID 设施建设阶段和拆除阶段的碳排放量会随着设施面积的增大而单调递增，建设阶段碳排放量增加的主要原因是 LID 设施面积增大，使得消耗建材更多，运输建材能耗更大[28]。运行阶段碳吸收量增大的主要原因是具有固碳效果的绿色设施面积的扩大，不透水面减少，从而导致碳汇增加，以抵消部分碳排放量。不同类型设施布设面积对其全生命周期碳排放量的影响如图 6.6（a）所示。

随着绿色屋顶占屋面面积比例的增大，碳排放量不断增大，占屋面面积从 10%提高至 90%，碳排放量从 90528.86kgCO$_2$ 增加到 814759.74kgCO$_2$，碳排放量增大至 8 倍。透水铺装随着占路面面积比例的增大，全生命周期碳排放量单调增大[51]，从占屋面面积 10%提高至 90%，碳排放量从 33366.24kgCO$_2$ 增加到 245823.47kgCO$_2$，约增大至 6.37 倍；雨水花园随着占绿地面积比例的增加,碳排放量不断减小,产生碳汇,从占绿地面积 10% 提高至 90%,碳排放量从 1775.70kgCO$_2$ 减少到−40003.57kgCO$_2$,碳汇增加了 41779.27kg,雨水花园面积的增加带来了碳汇效应的增强。总体来看,绿色屋顶占屋面面积比例与全生命周期碳排放量成正相关关系,绿色屋顶占屋面面积比例每提高 1%,全生命周期碳排放量平均增加 9052.89kg;透水铺装占路面面积比例与全生命周期碳排放量成正相关关系,透水铺装占路面面积比例每提高 1%,全生命周期碳排放量平均增加 2655.72kg;雨水花园占绿地面积比例与全生命周期碳排放量成负相关关系,雨水花园占绿地面积比例每提高 1%,全生命周期碳排放量平均减少 522.24kg。

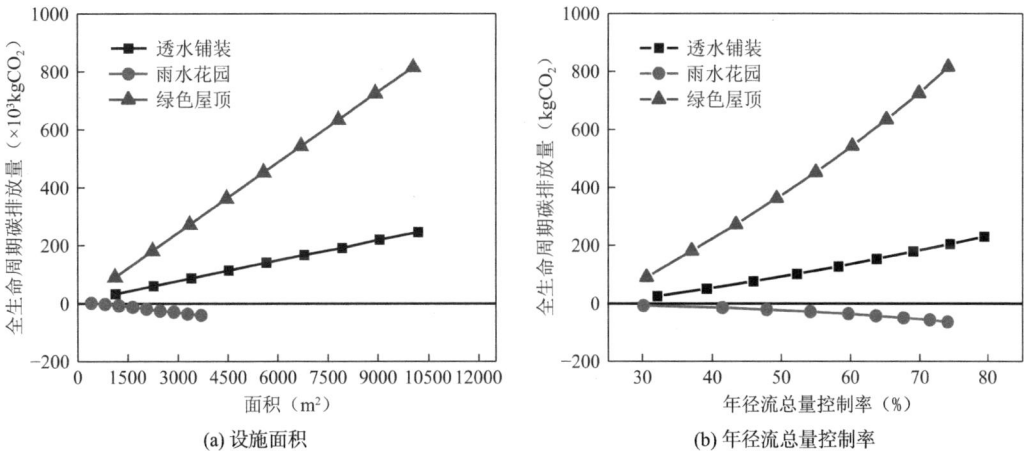

(a) 设施面积 　　(b) 年径流总量控制率

图 6.6 单一 LID 设施面积和年径流总量控制率对全生命周期碳排放量的影响

雨水花园的碳排放量与年径流总量控制率成负相关关系,透水铺装和绿色屋顶的碳排放量与年径流总量控制率成正相关关系,如图 6.6(b)所示。雨水花园从占绿地面积 10% 提高至 90%,碳排放量减小的同时,年径流总量控制率增大,从 30.16% 增加到 74.04%,年径流总量控制率每提高 1%,全生命周期碳排放量平均减少 952.13kg;绿色屋顶从占屋面面积 10% 提高至 90%,碳排放量增大,年径流总量控制率增大,从 30.63% 增大到 74.21%,年径流总量控制率每提高 1%,全生命周期碳排放量平均增加 16618.42kg;透水铺装从占屋面面积 10% 提高至 90% 时,碳排放量增大,年径流总量控制率增大,从 32.15% 增大到 79.50%,年径流总量控制率每提高 1%,全生命周期碳排放量平均增加 4486.95kg。

6.4.4 布设面积对单一 LID 设施碳排放强度的影响

单一 LID 设施不同布设面积比例下对小区碳排放强度的影响见图 6.7(a)。绿色屋顶随着占屋面面积的增大,径流总量控制量的碳排放强度不断增大,从占屋面面积 10% 到占屋面面积 90%,碳排放强度从 0.74kgCO$_2$/m^3 提高到 2.74kgCO$_2$/m^3,碳排放强度约提高了 2.7 倍,绿色屋顶占屋面面积比例每提高 1%,碳排放强度平均增大 0.025kgCO$_2$/m^3;透水铺装随着占路面面积比例的增大,径流总量控制量的碳排放强度随着透水铺装面积的增大而增大,从占路面面积 10% 到占路面面积 90%,碳排放强度从 0.26kgCO$_2$/m^3 增大到 0.77kgCO$_2$/m^3,碳排放强度增大了 1.96 倍,透水铺装占路面面积比例每提高 1%,碳排放

强度平均增加 $0.006kgCO_2/m^3$；雨水花园随着占绿地面积比例的增加，径流总量控制量的碳排放强度减小，从占绿地面积 10%到占绿地面积 90%，碳排放强度减小从 $0.01kgCO_2/m^3$ 减小到$-0.13kgCO_2/m^3$，碳排放强度减小了 $0.14kgCO_2/m^3$，雨水花园占绿地面积比例每提高 1%，碳排放强度平均减小 $0.002kgCO_2/m^3$。

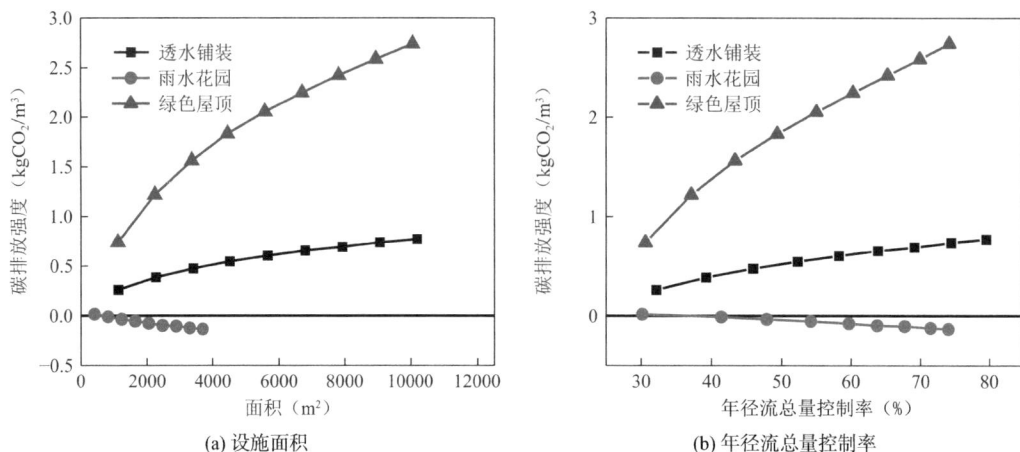

(a) 设施面积　　　　　　　　　　(b) 年径流总量控制率

图 6.7　单一 LID 设施面积和年径流总量控制率对碳排放强度的影响

　　雨水花园的碳排放强度与年径流总量控制率成负相关关系，透水铺装和绿色屋顶碳排放强度与年径流总量控制率成正相关关系，如图 6.7（b）所示。绿色屋顶从占屋面面积 10%提高至 90%，碳排放量增大，年径流总量控制率增大，从 30.61%增大到 74.16%，年径流总量控制率每提高 1%，碳排放强度平均增大 $0.046kgCO_2/m^3$；透水铺装从占屋面面积 10%提高至 90%，碳排放量增大，年径流总量控制率增大，从 32.15%增大到 79.50%，年径流总量控制率每提高 1%，碳排放强度平均增大 $0.011kgCO_2/m^3$；雨水花园从占绿地面积 10%提高至 90%，碳排放强度减小的同时，年径流总量控制率增大，从 30.16%增大到 74.04%，年径流总量控制率每提高 1%，碳排放强度平均减小 $0.003kgCO_2/m^3$。

6.5　LID 设施组合布设规模的优化

　　结合已有研究文献[43,52]和《天水市系统化全域推进海绵城市建设示范城市实施方案》等，确定三种设施面积范围为绿色屋顶占屋面面积的 45%～55%，透水铺装占路面面积的 65%～75%，雨水花园占绿地面积的 35%～45%。

6.5.1　响应面实验确定最佳 LID 设施组合方案

　　以绿色屋顶、透水铺装和雨水花园的面积 3 个因子为自变量，以碳排放强度为响应值，各因素的 3 个水平值用+1、0、−1 表示，采用 Box-Behnken Design（BBD）设计 3 因素 3 水平的响应面实验，因素编码及水平见表 6.1。

Box-Behnken Design 实验设计中的因素及水平 表 6.1

变量	因素	水平		
		−1	0	+1
X_1	绿色屋顶	45	50	55
X_2	透水铺装	65	70	75
X_3	雨水花园	35	40	45

运用软件 Design Expert.V8.0.6 对表 6.1 的因素与水平进行方案设计和模拟实验，并对实验数据进行分析。采用 Box-Behnken Design 模块得到小区碳排放强度影响因素水平实验表，实验设计及结果见表 6.2，其中，第 9、10、11、16、17 次实验为 5 次重复的中心点实验，用于考察模型的误差。

Box-Behnken Design 实验设计及结果 表 6.2

实验	绿色屋顶		透水铺装		雨水花园		碳排放强度（$kgCO_2/m^3$）	年径流总量控制率（%）	碳排放量（$\times 10^3 kgCO_2$）
	实际值	编码值	实际值	编码值	实际值	编码值			
1	55	+1	70	0	45	+1	1.48	95.36	565.38
2	55	+1	65	−1	40	0	1.47	92.98	546.52
3	50	0	75	0	35	−1	1.39	93.81	521.50
4	50	0	65	−1	35	−1	1.35	91.67	495.50
5	50	0	65	−1	45	+1	1.32	95.95	506.81
6	45	−1	70	0	45	+1	1.27	93.31	475.54
7	45	−1	75	+1	40	0	1.28	94.36	482.38
8	45	−1	65	−1	40	0	1.24	92.07	456.41
9	50	0	70	0	40	0	1.44	89.57	515.41
10	50	0	70	0	40	0	1.44	89.57	515.41
11	50	0	70	0	40	0	1.44	89.57	515.41
12	55	+1	75	+1	40	0	1.50	95.06	572.55
13	50	0	75	+1	45	+1	1.40	95.25	533.51
14	55	+1	70	0	35	−1	1.49	92.76	553.66
15	45	−1	70	0	35	−1	1.28	90.41	463.87
16	50	0	70	0	40	0	1.44	89.57	515.41
17	50	0	70	0	40	0	1.44	89.57	515.41

在 17 组方案中，年径流总量控制率在 89.57% 和 95.95% 之间变化。全生命周期碳排放量范围为 456408.06～572550.41 $kgCO_2$，碳排放强度范围为 1.24～1.50 $kgCO_2/m^3$。利用 Design Expert.V8.0.6 软件对 17 个实验点的响应面值进行回归分析，二次多项式拟合方程如式 (6.1) 所示。

$$Y = 1.44 + 0.11X_1 + 0.024X_2 - 0.005X_3 - 0.0025X_1X_2 +$$
$$0.01X_2X_3 - 0.026X_1^2 - 0.041X_2^2 - 0.034X_3^2 \quad (6.1)$$

由表 6.3 分析可知，预测模型回归项的 F 值为 212.80，P 值 < 0.0001，说明三种 LID 设施不同面积组合对小区碳排放强度的 Box-Behnken Design 实验模型非常显著[53]，对实验结果拟合性较好。该模型的复相关系数 $R^2 = 0.9964$，表明相关性较好，校正决定系数 $R_{Adj}^2 = 0.9917$，R^2 与 R_{Adj}^2 合理一致，即差值小于 0.2。该模型的 CV 值等于 0.56%，表明该实验的可信度和精确度极好。该模型的信噪比达到 44.343，远大于 4，结果合理。从方差分析可以得出 3 种 LID 设施面积对小区碳排放强度的影响排序为：绿色屋顶（X_1）> 透水铺装（X_2）> 雨水花园（X_3）。

Box-Behnken Design 实验回归分析结果　　　　表 6.3

项目	平方和	自由度	均方	F	P	显著性
模型	0.12	9	0.013	212.80	< 0.0001	极显著
X_1	0.095	1	0.095	1558.32	< 0.0001	极显著
X_2	4.512×10^{-3}	1	4.512×10^{-3}	74.34	< 0.0001	极显著
X_3	2×10^{-4}	1	2×10^{-4}	3.29	0.1124	不显著
X_1X_2	2.5×10^{-5}	1	2.5×10^{-5}	0.41	0.5415	不显著
X_1X_3	0.000	1	0.000	0.000	1.0000	不显著
X_2X_3	4.000×10^{-4}	1	4.000×10^{-4}	6.59	0.0372	显著
X_1^2	2.901×10^{-3}	1	2.901×10^{-3}	47.79	0.0002	非常显著
X_2^2	7.164×10^{-3}	1	7.164×10^{-3}	118.00	< 0.0001	极显著
X_3^2	4.796×10^{-3}	1	4.796×10^{-3}	78.99	< 0.0001	极显著
残差误差	4.25×10^{-4}	7	6.071×10^{-5}			
失拟项	4.25×10^{-4}	3	1.417×10^{-4}			
纯误差	0.000	4	0.000			
合计	0.21	16				

注：$P < 0.001$ 为极其显著，$0.001 < P < 0.01$ 为非常显著，$0.01 < P < 0.05$ 为显著，$P > 0.05$ 为不显著。

由以上分析可知，利用模型方程式(6.1)可以很好地拟合实验结果，故以此模型进行响应面分析。LID 设施面积组合对小区碳排放强度影响的实际值与预测值之间的关系如图 6.8 所示。由图可知，在响应中大部分数据点在对角线附近分布良好，说明实际数据和预测数据有足够的一致性[54]。

利用软件 Design-Expert.V8.0.6 对表 6.3 所得回归模型进行响应面分析，得出三维立体图和二维等高线图，如图 6.9～图 6.11 所示。

图 6.9 显示雨水花园中心值占绿地面积 40%时，绿色屋顶和透水铺装对小区碳排放强

度的影响。从响应面三维曲面坡度的缓急程度可以看出绿色屋顶对碳排放强度的影响要比透水铺装显著[55]。等高线呈椭圆形，说明绿色屋顶和透水铺装交互作用显著。随着透水铺装面积增大，小区碳排放强度呈升高趋势；当透水铺装面积一定时，增大绿色屋顶的面积，小区碳排放强度整体呈上升趋势；同时增大透水铺装和增大绿色屋顶面积，小区碳排放强度增大，当绿色屋顶面积占屋面面积的 45%时，透水铺装占路面面积的 65%时，整体碳排放强度最小。

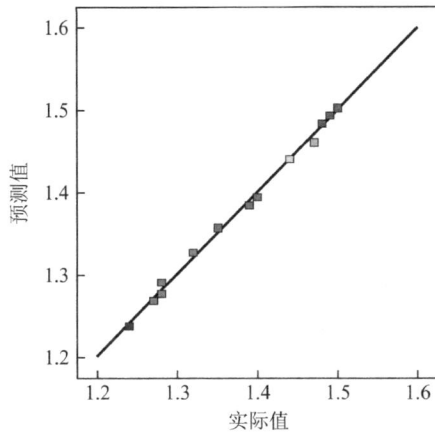

图 6.8 LID 设施组合对小区碳排放强度影响的实际值和预测值关系图

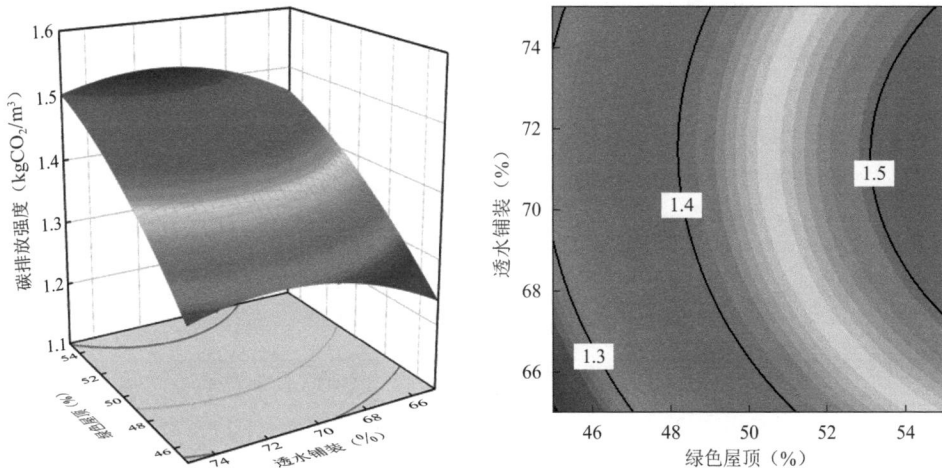

图 6.9 绿色屋顶和透水铺装对小区碳排放强度影响的响应面和等高线

图 6.10 为透水铺装在中心值为占路面面积的 70%时，绿色屋顶和雨水花园对小区碳排放强度的影响。从响应面三维曲面坡度的缓急程度可以看出绿色屋顶对碳排放强度的影响要比雨水花园显著。等高线接近圆形，说明绿色屋顶和雨水花园交互作用不显著。随着雨水花园面积的增大，对小区碳排放强度呈下降趋势；当雨水花园面积一定时，增大绿色屋顶的面积，小区碳排放强度整体呈上升趋势；同时增大雨水花园和减小绿色屋顶面积，小区碳排放强度减小，当绿色屋顶面积占屋面面积的 45%、雨水花园占绿地面积的 45%、整体碳排放强度最小。

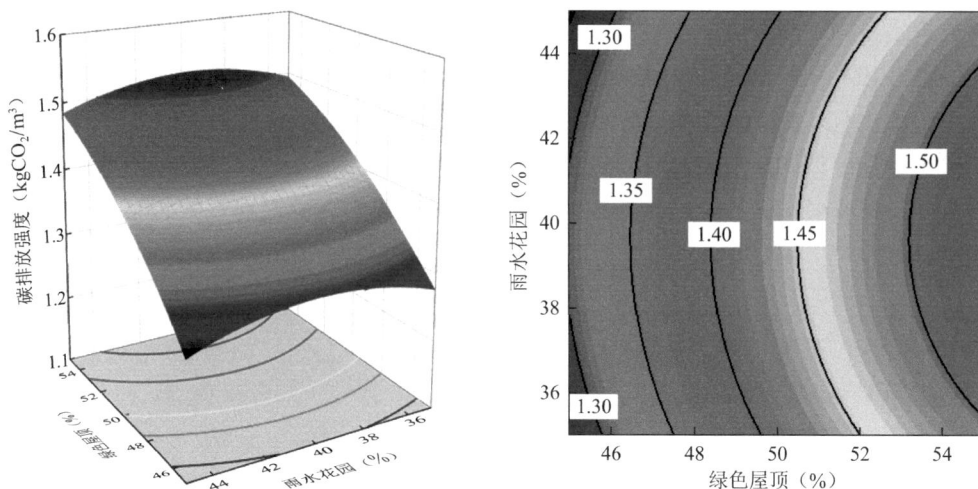

图 6.10　绿色屋顶和雨水花园对小区碳排放强度影响的响应面和等高线

图 6.11 为绿色屋顶在中心值为占屋面面积的 50% 时，透水铺装和雨水花园对小区碳排放强度的影响。从响应面三维曲面坡度的缓急程度可以看出透水铺装对碳排放强度的影响要比雨水花园显著。等高线呈椭圆形，说明透水铺装和雨水花园交互作用显著。随着雨水花园面积的增大，小区碳排放强度呈下降趋势；当雨水花园面积一定时，增加透水铺装的面积，小区碳排放强度整体呈上升趋势；同时减小透水铺装面积和增大雨水花园面积，小区碳排放强度降低，当透水铺装面积占屋面面积的 65%、雨水花园占绿地面积的 45% 时，整体碳排放强度最小。

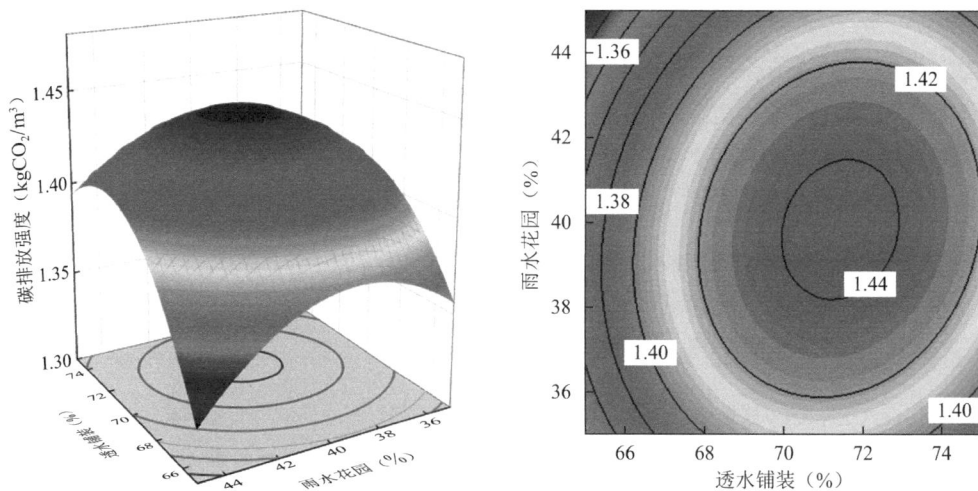

图 6.11　透水铺装和雨水花园对小区碳排放强度影响的响应面和等高线

从图 6.11 中可以看出 3 种 LID 设施之间的交互作用，LID 设施不同面积组合对小区碳排放强度的影响不是简单的线性关系。图中雨水花园和绿色屋顶的等高线趋近圆形，表明这两种设施之间交互作用不显著；而透水铺装和这两种设施的等高线平缓且呈椭圆形，表明绿色屋顶和透水铺装、透水铺装和雨水花园之间的交互作用显著。当绿色屋顶和透水铺装面积越大时，小区碳排放强度越大，而雨水花园面积越大，小区碳排放强度越小。从响应面的三维曲面坡度的缓急程度能再一次得出三种 LID 设施面积对小区碳排放强度的影响排序为：绿色屋顶 > 透水铺装 > 雨水花园。

6.5.2 模型验证

Design-Expert.V8.0.6 软件推荐的碳排放强度最优 LID 设施面积组合为：绿色屋顶占屋面面积 45.017%，透水铺装占路面面积 65.014%，雨水花园占绿地面积 44.503%，在该条件下进行模拟实验，得到碳排放强度为 $1.233 kgCO_2/m^3$，与模型预测值 $1.226 kgCO_2/m^3$ 的相对偏差仅为 0.57%，说明模型拟合性较好，适用于本研究，故确定为最优方案。

综上所述，在既定设施面积范围内，绿色屋顶占屋面面积的 45.017%、透水铺装占路面面积的 65.014%、雨水花园占绿地面积的 44.503%为影响小区碳排放强度的最佳面积组合。

6.5.3 模型应用

最优方案小区各阶段碳排放量和各设施碳排放量如图 6.12 所示。

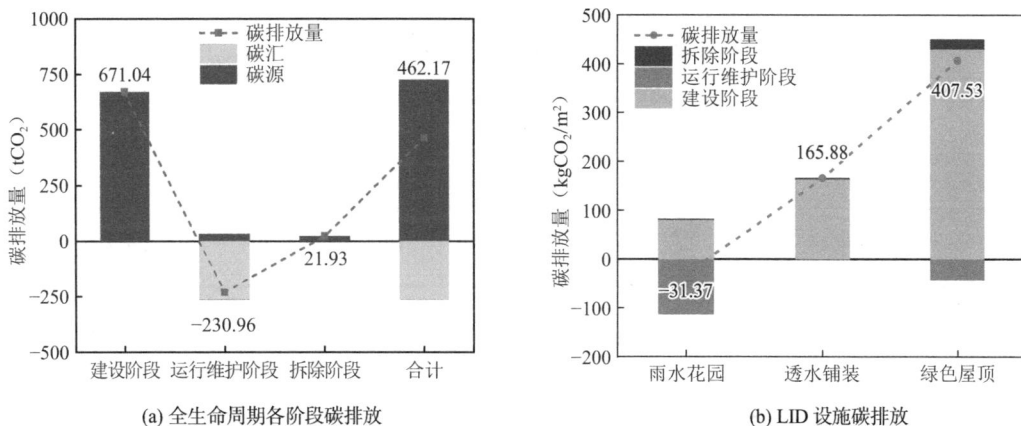

(a) 全生命周期各阶段碳排放   (b) LID 设施碳排放

图 6.12 最优方案全生命周期各阶段碳排放量和各设施碳排放

根据式(2.1)~式(2.27)，全生命周期碳排放量可计算如下：建设阶段 671039.67kgCO₂，其中绿色屋顶 430149.66kgCO₂，透水铺装 160880.42kgCO₂，雨水花园 80009.89kgCO₂；运行维护阶段−230960.42kgCO₂，其中绿色屋顶−42215.88kgCO₂，透水铺装 3753.39kgCO₂，雨水花园−112460.45kgCO₂，运行期间直接碳排放 28484.53kgCO₂，普通绿地碳汇−108522.00kgCO₂；拆除阶段 21927.88kgCO₂，其中绿色屋顶 19600.23gCO₂，透水铺装 1251.13kgCO₂，雨水花园 1076.53kgCO₂。最优方案小区全生命周期碳排放量为 462165.02kgCO₂。

在最优方案下，小区径流总量控制量为 374774.26m³，年径流总量控制率为 92.53%，超过了目标径流总量控制率，小区附近有其他未达到年径流总量控制率的地方，超出部分可以用来抵消这些地方的部分径流总量控制率。

6.6 讨论与展望

为了对比不同研究区域的径流总量控制量碳排放强度，本书对其他研究文献进行了整理对比，如表 6.4 所示。

不同研究区域的径流总量控制量碳排放强度对比　　　　　表 6.4

序号	研究区名称	研究区面积（万 m²）	布置的 LID 设施	评价周期（a）	径流总量控制量（万 m³）	碳排放量（tCO₂）	碳排放强度（kgCO₂/m³）	参考文献
1	迁安市安顺家园	30	生物滞留设施、透水铺装、渗水沟、植草沟	30	454	−138	−0.0303	[25]
2	北京某片区	10000	混凝土蓄水池、PP 模块调蓄池、雨水花园、下沉式绿地、透水铺装、绿色屋顶	30	126000	43700	0.0347	[28]
					134400	34700	0.0258	
					142800	22900	0.0160	
					151200	6500	0.0043	
3	上海浦东新区潍坊街道	9.1938	雨水花园、植草沟、透水铺装及 PP 模块水池	30	246	−60.17	−0.0244	[26]
4	吉林省松原某排水分区	390	绿色屋顶、下凹式绿地、透水铺装	50	7020	7176～14586	0.1022～0.2078	[27]
5	北京某小区	1.093	雨水花园、下沉式绿地、植草沟、透水铺装、雨水花坛	50	23	612	2.6625	[18]
6	甘肃天水某小区	2.66	雨水花园、透水铺装、绿色屋顶	30	36.90	462.17	1.223	本书

总体来看，全生命周期径流总量控制量、碳排放量结果由于研究区面积、海绵城市达标面积、使用的 LID 设施种类和面积、碳排放因子以及不同地域的降雨特征不同而具有一定的不确定性，因此径流总量控制量碳排放强度也具有很大不确定性。文献[2,4-5]中碳排放核算系统中还包括了雨水管道、雨水泵站等灰色设施的相关碳排放，这部分碳排放占相当大一部分比例，导致建设阶段碳排放量较大，全生命周期内没有达到碳中和，但 LID 设施面积占研究区总面积比例不大，导致径流总量控制量较小，导致径流总量控制量碳排放强度较大。文献[1,3]中全生命周期碳汇大于碳排放，所以在生命周期内实现了碳中和，径流总量控制量碳排放强度较小，为负值。这些研究区的碳汇核算系统中不仅将绿地固碳碳汇计入核算，而且将雨水利用、雨水净化、建筑节能和径流削减等碳减排也作为碳汇计入核算，本章研究区只计算了小区系统内的绿植固碳的碳汇，没有计入碳减排量，优化结果提出的最优方案的碳汇总量小于碳排放量，所以碳排放强度为正值。

本书基于海绵城市建设基本目标的径流总量控制率提出了径流总量控制量碳排放强度，为 LID 设施的碳排放大小比较提供了一种思路，可应用于具有不同降雨特征和下垫面特征的 LID 布置方案的碳排放比较，可开展相关研究，提供更多的 LID 设施的碳排放强度基础数据，为宏观尺度（如城市尺度、省域尺度和全国）的海绵城市建设碳排放核算提供统计数据。响应面法可为 LID 设施布置提供碳减排优化路径，但是本书仅研究了居住社区的绿色屋顶、透水铺装和雨水花园三种 LID 设施，下一步可对其他 LID 设施开展研究，为海绵城市建设提供更全面的数据支撑。

　　本书的优化布置仅仅考虑了碳排放目标，且没有考虑设施的适用性。但是海绵城市建设的目标是多方面的，下一步可将碳减排整合至海绵城市建设的效益指标中，如径流污染削减率、径流峰值削减率、雨水利用、景观、成本以及 LID 设施的适用性等，构建更加全面和综合的效益评价指标体系，建立更合理的费效比评价模型。

第 7 章

基于碳排放强度的市政道路 LID 设施优化布置

7.1 研究道路概况

研究区域为天水市的中心大道，属于双幅道路，红线内从左到右依次为 3m 宽人行道及非机动车道、3m 宽行道树绿带、12m 宽机动车道和 9m 宽中央分车绿带。其中，人行道及非机动车道面积为 3050.8m²，行道树绿带面积为 3028.9m²，机动车道面积为 15052.5m²，中央分车绿带面积为 4955.8m²，总面积约 27228.9m²。

人行道及非机动车道与机动车道的雨水径流流入行道树绿带后排往雨水口，中央分车绿带的雨水径流直接排往雨水口[56]，径流组织示意图见图 7.1。

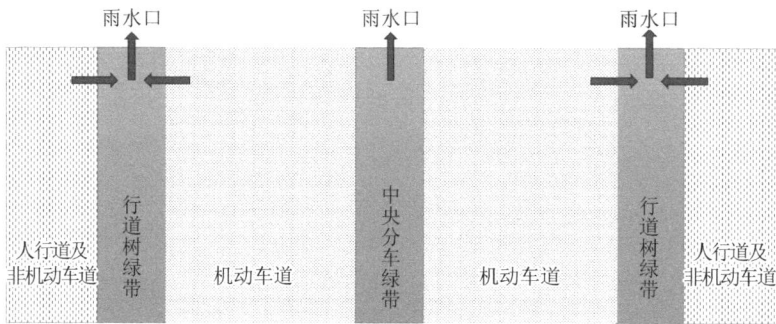

图 7.1　径流组织示意图

7.2 模型构建

本研究主要利用 InfoWorks ICM 软件进行降雨模拟，得出研究区域的全生命周期径流总量控制量。综合考虑研究区域的排水管网拓扑关系和地面高程等因素，建立排水管网模型，通过降雨产汇流模型和管网一维二维汇流计算，得出不同降雨情景下的径流总量控制量。模型构建过程主要包括[57]：

（1）数据导入：将 CAD 处理后的管网数据导入模型软件，并进行数据检查与修正，确保数据的真实有效。共导入 46 个检查井、1 个出水口、46 段管道，管径为 300～800mm。以多边形的形式导入下垫面图形，并导入用 GIS 处理好的地面 TIN 模型。

（2）集水区划分：采用手绘多边形法进行子集水区域的划分，共划分 8 个子集水区。

（3）集水区设置：通过下垫面类型资料对径流表面和土地用途进行设置，实现对不同表面产、汇流的精细化模拟。

（4）降雨设计：采用天水市暴雨强度公式，见附录 A。

（5）2D 区间：通过手绘多边形生成 2D 区间，进行网格化处理，并对道路多边形进行网格化区间处理，将其高程降低 0.1m。修改节点洪水类型为 2D，完成模型的 1D 与 2D 耦合。

（6）SUDS 控制：在图 7.1 中的人行道及非机动车道布置透水铺装，在行道树绿带布置雨水花园。由于人行道及非机动车道和行道树绿带的总面积相近，因此本书透水铺装的面积大小用透水铺装的面积比例表示，其含义为透水铺装的面积与人行道及非机动车道的总面积之比，分别用符号 P10、P30、P50、P70、P90 代表透水铺装的面积比例为 10%、30%、50%、70%、90%；雨水花园的面积大小用雨水花园的面积比例表示，其含义为雨水花园的面积与行道树绿带的总面积之比，分别用符号 R10、R30、R50、R70、R90 代表雨水花园的面积比例为 10%、30%、50%、70%、90%。中央分车绿带和机动车道不布置 LID 设施[58]。中心大道 InfoWorks 模型如图 7.2 所示。

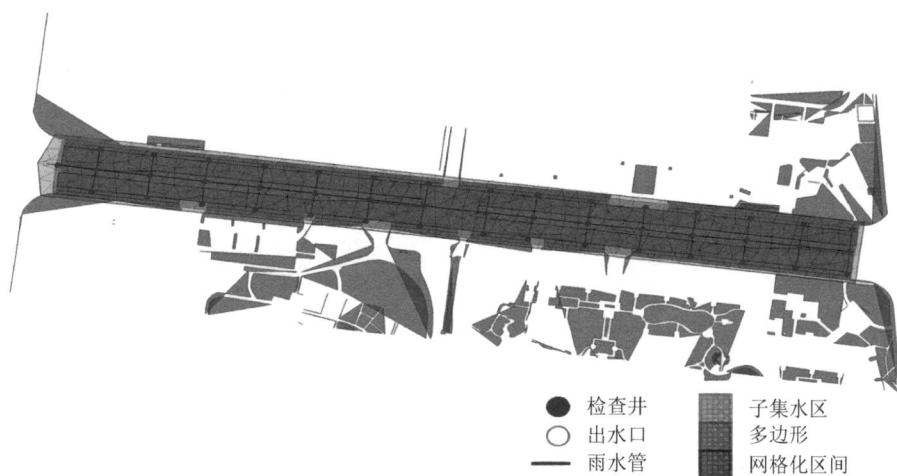

图 7.2　中心大道模型

根据文献[42-44]及模型手册，初步确定模型初始参数。汇流模型选择 SWMM，参数取值为机动车道汇流参数 0.012，径流量类型 Fixed，固定径流系数 0.95；绿地汇流参数 0.25，径流量类型 Horton，固定径流系数 0.2；人行道及非机动车道汇流参数 0.012，径流量类型 Fixed，固定径流系数 0.6；LID 设施的参数详见参考文献[59-60]。

由于缺少实测的降雨径流资料，因此以输入模型的多场降雨数据为基础，应用综合径流系数法进行模型的率定[61]。根据子流域径流系数，以子流域面积为权重，求得各子流域径流系数的加权平均数，即本研究区域的综合径流系数，与研究区域内的理论综合径流系数进行比较。计算得出研究区域的综合径流系数为 0.79，与《城镇雨水系统规划设计暴雨径流计算标准》DB11/T 969—2013、《室外排水设计标准》GB 50014—2021 等标准中道路与交通设施用地的综合径流系数（0.8~0.9）较为接近，模型具有一定的可靠性[62]。

7.3　情景模拟

7.3.1　单因素实验

1）气候变化的影响。本书将气候变化定义为年降雨量的变化[63]。设置天水市暴雨强度公式在 InfoWorks ICM 中模拟出的降雨曲线为基态降雨情景 C0，在重现期的基础上将降雨强度增大 10%、20%，降雨情景为 C10、C20；降低 10%、20%，降雨情景为−C10、−C20，共设置 5 种降雨情景，结果如图 7.3 所示。取雨水花园和透水铺装的面积比例均为 50%，研究气候变化对碳排放强度的影响。

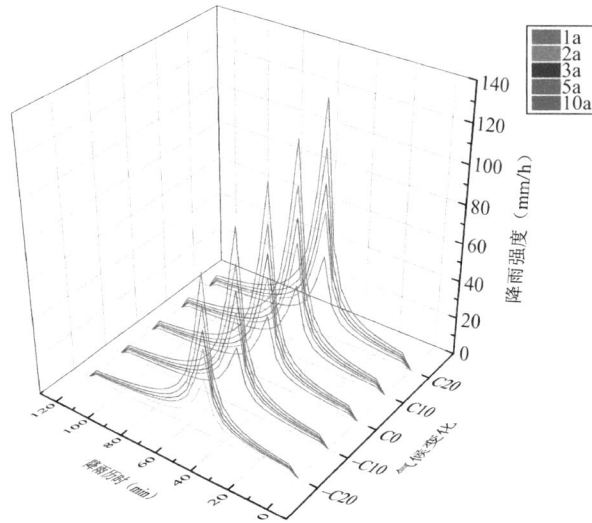

图 7.3 气候变化下各重现期降雨曲线

2）透水铺装面积比例的影响。设置雨水花园面积比例为 50%，透水铺装面积比例分别取 10%、30%、50%、70%、90%，降雨情景选择 C0。

3）雨水花园面积比例的影响。设置透水铺装面积比例为 50%，雨水花园面积比例分别取 10%、30%、50%、70%、90%，降雨情景选择 C0。

7.3.2 正交实验

将透水铺装与雨水花园的面积比例和气候变化进行 3 因素 5 水平的正交实验[64-67]，得出 25 种模拟情景，找出最优的碳排放强度组合，因素与水平见表 7.1。

正交实验因素与水平　　　　　　　　　　表 7.1

水平	因素		
	A	B	C
	透水铺装面积比例（%）	雨水花园面积比例（%）	气候变化
1	10	10	−C20
2	30	30	−C10
3	50	50	C0
4	70	70	C10
5	90	90	C20

7.4 结果与讨论

7.4.1 单因素实验对碳排放强度的影响

1）气候变化

图 7.4 为气候变化下的全生命周期径流总量控制量和碳排放强度的变化趋势。随着降雨量的增加，全生命周期径流总量控制量不断增大，碳排放强度也不断增大，但增大的速率逐渐减缓。当降雨强度降低 10%、20%时，其碳排放强度分别降低了 8.7%、18.3%；当降雨强度提高 10%、20%时，其碳排放强度提高了 6.9%、13.0%。当降雨量增大时，进入设施的可控制雨水量增多，使 LID 设施的径流控制能力得到更充分的利用，因此径流总量控制量也增大，这与 Dong[63]等的研究结果一致。LID 设施的间接碳排放量和碳汇只与设施的规模有关，而与径流总量控制量无关，且该部分为负值，因此，当径流总量控制量增大时，这部分的碳排放强度增大。LID 设施的直接碳排放量与径流总量控制量成正比，其碳排放强度为一个定值。因此，碳排放强度随着径流总量控制量的增大而增大。

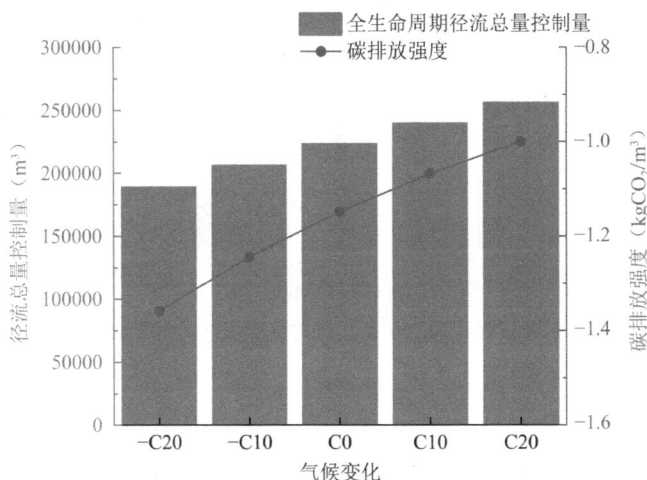

图 7.4 气候变化的全生命周期径流总量控制量与碳排放强度

2）LID 设施面积比例变化

如图 7.5 所示，随着 LID 设施面积比例的增大，全生命周期径流总量控制量不断增大，两种 LID 设施对径流总量控制的效果较为接近，雨水花园的径流控制量比透水铺装的径流控制量高了 0.4%。全生命周期的碳排放量随着 LID 设施面积比例的增大而增大，布置 LID 设施面积比例为 50%~90%时，透水铺装的碳排放量增大了 22.5%，雨水花园的碳排放量增大了 16.7%。LID 设施面积比例较大时，透水铺装产生的碳排放量高于雨水花园。

图 7.6 为透水铺装和雨水花园面积比例均为 50%时的各阶段碳排放量（因直接碳排放只与降雨量有关，故此处不计）。研究区域中人行道及非机动车道和行道树绿带的面积相近，两种 LID 设施的布置面积也相近。透水铺装建造阶段产生的碳排放量占总碳排放量的

98.2%，雨水花园绿地固碳产生的碳汇（图中为碳汇的绝对值）占总碳排放量的58.1%，其建造阶段的碳排放量占比为41.3%。在建造面积较小时，雨水花园的碳排放量大于透水铺装的碳排放量，随着雨水花园面积的增大，其绿地固碳产生的碳汇量不断增大，总碳排放量则相对减小，最终小于透水铺装的总碳排放量，与马洁等[50]研究的各阶段碳排放量有着相似的分布结果。

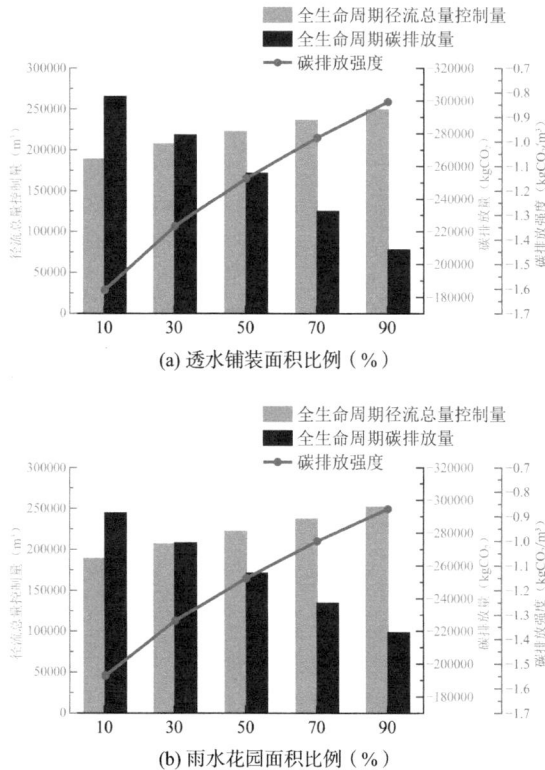

(a) 透水铺装面积比例（%）

(b) 雨水花园面积比例（%）

图 7.5　LID 设施面积比例变化的全生命周期径流总量控制量、碳排放量和碳排放强度

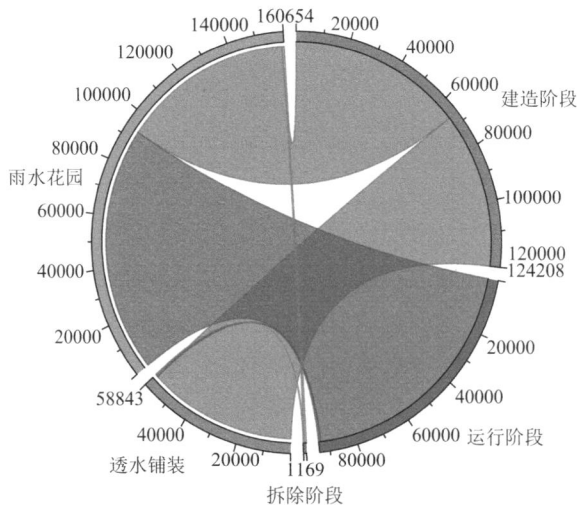

图 7.6　LID 设施各阶段碳排放量（单位：$kgCO_2$）

　　碳排放强度的变化趋势与碳排放量的变化趋势相近，LID 设施面积比例增大所控制的径流量相差较小，随着碳排放量的增大，透水铺装的碳排放强度增大了 47.8%，雨水花园的碳排放强度增大了 43.9%。透水铺装面积比例小于 50% 时碳排放强度较小，雨水花园面积比例大于 50% 时碳排放强度较小。说明较小面积的透水铺装或较大面积的雨水花园控制单位径流量所排放的 CO_2 量较少。

　　本研究的人行道及非机动车道与行道树绿带的总面积相近，两种 LID 设施面积比例的变化等同于其面积的变化。由于碳排放强度的影响因素是 LID 设施的面积，因此当人行道及非机动车道与行道树绿带的总面积相差较大时，应以两种 LID 设施的面积作为因素进行研究。

7.4.2　正交实验对碳排放强度的影响

　　采用正交设计助手Ⅱ v3.1 软件进行极差和方差分析，使用显著性（P值）检验各因素对碳排放强度的影响。正交实验极差分析见表 7.2，方差分析见表 7.3。

极差分析

表 7.2

模拟情景序号	A	B	C	碳排放强度（$kgCO_2/m^3$）
1	1	1	1	−2.01
2	1	2	2	−1.80
3	1	3	3	−1.61
4	1	4	4	−1.42
5	1	5	5	−1.34
6	2	1	2	−1.75
7	2	2	3	−1.34
8	2	3	4	−1.38
9	2	4	5	−1.23
10	2	5	1	−0.98
11	3	1	3	−1.55
12	3	2	4	−1.36
13	3	3	5	−1.21
14	3	4	1	−0.95
15	3	5	2	−0.85
16	4	1	4	−1.37
17	4	2	5	−1.20

模拟情景序号	A	B	C	碳排放强度（kgCO$_2$/m^3）
18	4	3	1	−0.94
19	4	4	2	−0.83
20	4	5	3	−0.74
21	5	1	5	−1.21
22	5	2	1	−0.92
23	5	3	2	−0.82
24	5	4	3	−0.72
25	5	5	4	−0.63
均值K_1	−1.636	−1.578	−1.160	
均值K_2	−1.336	−1.324	−1.210	
均值K_3	−1.184	−1.192	−1.192	
均值K_4	−1.016	−1.030	−1.232	
均值K_5	−0.860	−0.908	−1.238	
极差R	0.776	0.670	0.078	

方差分析 表7.3

因素	偏差平方和S	自由度f	F比	F临界值	显著性P
A	1.790	4	15.841	6.390	显著
B	1.361	4	12.044	6.390	显著
C	0.020	4	0.177	6.390	
误差	0.11	4			

由表 7.2 可知在碳排放强度的计算中，极差R分别为$R_A > R_B > R_C$，三个因素的影响次序为：透水铺装面积比例 > 雨水花园面积比例 > 气候变化。透水铺装面积比例的改变对碳排放强度的影响最大。而碳排放强度的值越小越好，根据表 7.1，A、B 列K_1值最小，C 列K_2值最小，得出最优组合 $A_1B_1C_2$，即透水铺装面积比例 10%、雨水花园面积比例 10%，气候变化为−C10。由表 7.3 方差分析得出透水铺装面积比例与雨水花园面积比例对碳排放强度有显著影响。

图 7.7～图 7.9 为三个影响因素两两之间的交互作用。如图 7.7 所示，当透水铺装和雨水花园的面积比例增大时，碳排放强度从 P10、R10 情景到 P90、R90 情景增大了 69%，两个 LID 设施面积比例对碳排放强度的影响呈线性关系。碳排放强度从 P10、R10 情景到 P90、R10 情景增大了 40%，从 P10、R10 情景到 P10、R90 情景增大了 33%，透水铺装面积比例

对碳排放强度的影响要大于雨水花园。

图 7.8 中碳排放强度从 P10、-C20 情景到 P90、-C20 情景逐渐增大，透水铺装面积比例从 10%增加到 30%时增大的幅度较大，之后则趋于平缓。情景 P90、C20 的碳排放强度小于情景 P90、C10 的碳排放强度，是因为 C20 情景下雨水花园的面积比例为 10%而 C10 情景下雨水花园的面积比例为 90%，雨水花园建造阶段产生的碳排放量较大。图 7.9 中雨水花园面积比例变化和气候变化对碳排放强度的影响与图 7.8 中的类似，碳排放强度增大后突然减小也是由于透水铺装面积比例的不同导致的。气候变化对碳排放强度的影响要远远小于 LID 设施面积比例对碳排放强度的影响。

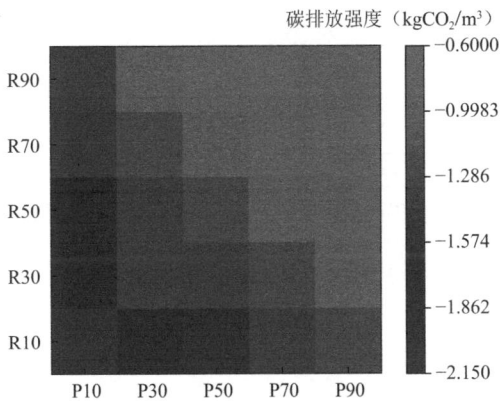

图 7.7　透水铺装与雨水花园面积比例变化下的碳排放强度

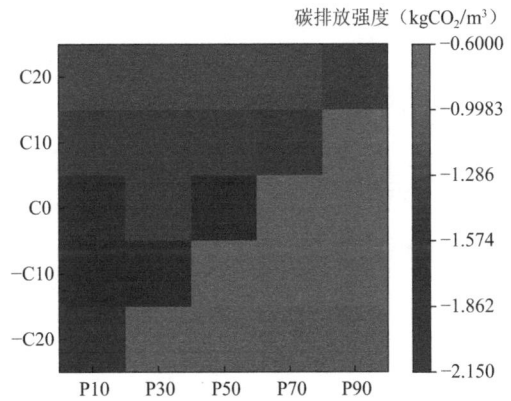

图 7.8　透水铺装面积比例变化与气候变化下的碳排放强度

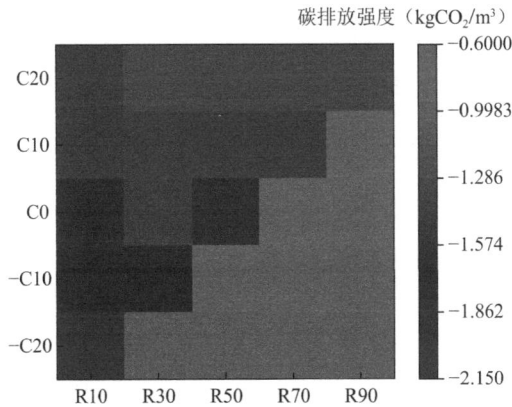

图 7.9　雨水花园面积比例变化与气候变化下的碳排放强度

7.4.3　LID 设施优化布置的碳减排研究

在满足天水市海绵城市建设目标的年径流总量控制率 85%时，若本地块按照碳排放强度最大和最小两种情景布置，则可优化碳排放强度至 0.02kgCO$_2$/m^3。天水市城区面积约 58km^2，年平均降雨量约 501.9mm，按照最优方案布置每年可增加 494.87tCO$_2$碳汇量。增加的碳汇量能抵消其他碳排放活动产生的碳排放量，或者与其相当的碳汇量，如图 7.10 所示。其中燃烧 1kg 标准煤约排放 2.49kgCO$_2$，使用 1kw·h 电[30]约排放 0.99kgCO$_2$，普通汽车行驶 1km 的碳排放量[31]约为 0.18kgCO$_2$，每人每天代谢产生的碳排放量[32]约为 0.69kgCO$_2$，1m^2 的绿地每天的碳汇量为 0.02kgCO$_2$，1 棵树每天吸收[33]约 4.8kgCO$_2$。由图 7.10 可以看出，海绵城市的碳排放优化布置具有较好的碳减排效益。

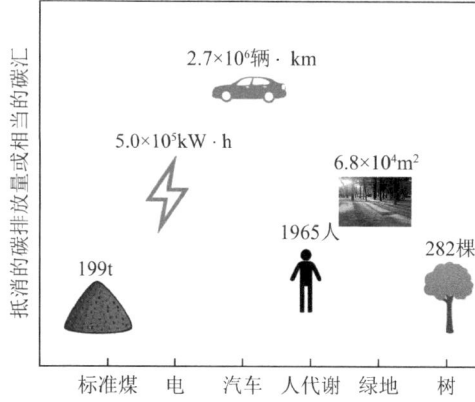

图 7.10　抵消的碳排放量或相当的碳汇量

第 8 章

海绵城市低碳建设的多目标
优化模型

海绵城市建设的最基本目标之一是径流总量控制，同时还具有保障城市水安全、涵养城市水资源、提升城市水环境、改善城市水生态和弘扬城市水文化等功能。其规划建设、运行维护和拆除阶段涉及经济和碳排放指标。服务于"双碳"国家战略，本书提出在满足海绵城市建设基本指标的前提下，优化全生命周期的经济指标和碳排放指标，建立海绵城市低碳建设多目标优化模型，如图 8.1 所示。

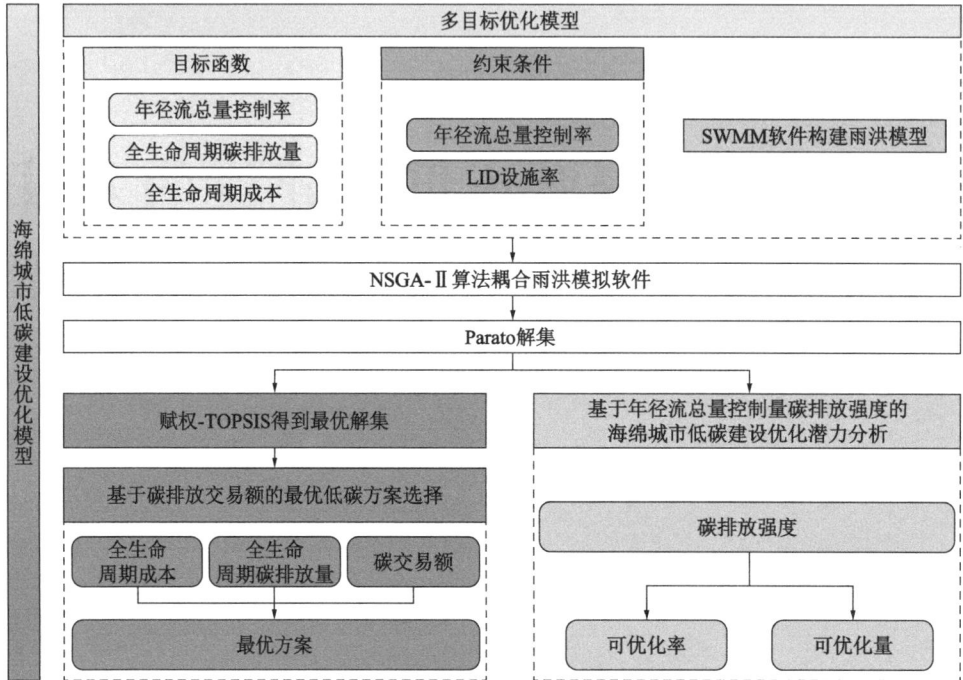

图 8.1　海绵城市低碳建设的多目标优化模型

8.1　多目标优化模型

海绵城市低碳建设，主要涉及环境、经济等诸多因素，是一个典型的多目标规划问题。本书在"双碳"目标和海绵城市建设的背景下，以年径流总量控制率、碳排放量、成本为目标函数，以天水市为例，建立海绵城市低碳建设多目标优化模型。该模型采用 NSGA-Ⅱ 算法耦合 SWMM 模型求解，得到帕累托最优解集，通过赋权-TOPSIS 法，遴选出相应权重体系的最优解，将不同的权重体系下得到的最优解组成海绵城市低碳建设最优解集。对最优解集的碳交易额方案投资总额进行核算，总额最低的方案作为海绵城市低碳建设最优方案。并对帕累托解集的海绵城市低碳建设优化潜力进行分析。

8.1.1　目标函数构建

海绵城市建设的最基本功能之一是径流总量控制，《海绵城市建设技术指南——低影响开发雨水系统构建（试行）》中对海绵城市径流控制的首要评价指标为年径流总量控制率，选择年径流总量控制率作为目标函数一。其次对于海绵城市低碳建设目标，选择全生命周期碳排放量作为目标函数二，全生命周期碳排放量核算过程覆盖海绵城市各个阶段，可以有效地反映在海绵城市建设、运行维护、拆除各个阶段的碳排放量组成。作为在海绵城市建设各项目必须考虑的因素，投资成本往往决定项目是否具体落地实施，将全生命周期成本纳入目标函数，在前期阶段准确地分析其成本组成。目标函数如式(8.1)所示。

$$\begin{cases} f_1(x) = \max(VCRA) \\ f_2(x) = \min(CE) \\ f_3(x) = \min(LCC) \end{cases} \qquad (8.1)$$

式中：$VCRA$——年径流总量控制率（%）；

$\qquad CE$——全生命周期碳排放总量（$kgCO_2$）；

$\qquad LCC$——低影响开发设施布设方案全生命周期成本（元）。

8.1.1.1 年径流总量控制率

年径流总量控制率是根据多年日降雨量统计数据分析计算，通过自然和人工强化的渗透、储存、蒸发（腾）等方式，得到的场地内累计全年控制雨量占全年总降雨量的百分比。由于现有雨洪控制模拟软件（如 SWMM、InfoWorks ICM 等）在进行全年日降雨模拟时耗时较长，本研究根据年径流总量控制率的概念，模拟 0.5～50a 重现期下的降雨，并对不同重现期下的径流量进行加权求和，代表年径流总量控制率，通过模拟确定水文效应。计算公式见式（2.42）。

8.1.1.2 全生命周期碳排放

由于现阶段没有对海绵城市碳排放核算体系制定统一的核算边界和核算方法，本课题组参考相关文献[6,68-69]，对海绵城市碳排放核算中的部分量进行定义。碳源指温室气体成分从地球表面进入大气的过程、活动和机制。碳汇的定义为从大气中清除温室气体的过程、活动或机制。碳排放量为碳源与碳汇的差值。

海绵城市系统建设全生命周期碳排放量为建设阶段碳排放、运行维护阶段碳排放、运行阶段碳汇和拆卸回收阶段碳排放之和，覆盖了低影响开发设施的整个生命周期。LID 设施的全生命周期碳排放核算方法的生命周期取 30 年。

8.1.1.3 全生命周期成本

低影响开发设施的全生命周期成本包括建设成本、运维成本和拆除成本，计算公式见第 2.4.7 节。

8.1.2 约束条件

在研究区域中，年径流总量控制率是海绵城市建设的硬性指标之一，由于各种低影响开发措施的建设面积是有限的，所以将年径流总量控制率和 LID 设施布设率作为主要约束条件。约束条件如式(8.2)～式(8.4)所示：

$$VCRA_{min} \leqslant VCRA \leqslant VCRA_{max} \tag{8.2}$$

$$R_{j,min} \leqslant R_j \leqslant R_{j,max}, \forall j \tag{8.3}$$

式中：R_j——第 j 种 LID 设施的布设率，%，按照式(8.4)计算；

$$R_j = \frac{AD_j}{CA_j} \times 100\%, \forall j \tag{8.4}$$

$R_{j,min}$——第 j 种 LID 设施的最小布设率（%）；

$R_{j,max}$——第 j 种 LID 设施的最大布设率（%）；

CA_j——不同 LID 设施的可布设面积（m²）。

依据《天水市中心城区海绵城市专项规划（2022—2035）》（以下简称《专规》）中海绵设施设计指引中的控制指标要求，参考相关文献[70]，对新建、改建的不同用地类型年径流总量控制率、LID 设施最大、最小布设率进行规定，作为多目标优化约束条件的参考依据。雨水罐主要对初期雨水进行收纳滞蓄，将布设量定为约年径流总量控制率对应的降雨量的10%。结果见表 8.1。

新建居住小区海绵化建设控制指标表　　　　　　　　　表 8.1

项目	绿色屋顶率	透水铺装率	生物滞留设施率	年径流总量控制率
新建小区	20%～50%	30%～70%	30%～60%	85%～95%
改建小区	20%～50%	15%～75%	15%～60%	80%～95%
新建道路	—	20%～90%	35%～60%	80%～95%
改建道路	—	15%～80%	20%～60%	80%～95%

8.2　赋权-TOPSIS 法选择最优解集

在 PyCharm Community Edition（2022.3.2）中编写 NSGA-Ⅱ算法程序，通过程序语句将 LID 设施布设情况写入 SWMM 软件，并导出径流量模拟结果，经过优化计算及约束条件判断后得出 Pareto 解集。

赋权-TOPSIS 法是一种常用的综合评价方法，TOPSIS 法又称理想解法，它根据有限个评价对象与理想化目标的接近程度进行排序，是一种逼近理想解的排序法，适用于对现样本进行相对优劣的评价。

此种方法的原理是，在归一化后的原始数据矩阵中找到有限方案中的最优和最劣的方案，然后分别计算评价对象到最优方案和最劣方案之间的距离。充分利用原始数据的信息，结果能精确地反映各评价方案之间的差距[71]。

第一步，预处理数据。假定有 m 个待评价方案，n 项评价指标，形成原始指标数据矩阵 $X = (x_{ab})_{mn}$，其中 x_{ab} 表示第 a 个方案在第 b 项评价指标的数值。同时如果评价指标中有负向指标，则需将指标正向化，构成的正向化矩阵见式(8.5)：

$$X = \begin{bmatrix} x_{11} & \cdots & x_{1n} \\ \vdots & x_{ab} & \vdots \\ x_{m1} & \cdots & x_{mn} \end{bmatrix} \tag{8.5}$$

第二步，数据归一化。对正向化的矩阵进行标准化处理以消除各指标量纲的影响。对其标准化矩阵记为Z，Z中的元素z_{ab}见式(8.6)。

$$z_{ab} = \frac{x_{ab}}{\sqrt{\sum_{i=1}^{n} x_{ab}^2}} \tag{8.6}$$

若有a评价对象，b个评价指标的标准化矩阵见式(8.7)。

$$Z = \begin{bmatrix} z_{11} & \cdots & z_{1n} \\ \vdots & z_{ab} & \vdots \\ z_{m1} & \cdots & z_{mn} \end{bmatrix} \tag{8.7}$$

第三步，计算得分并排序，结合第b项评价指标的权重ω_b计算得出得分S_a，计算公式见式(8.8)。S_a越大，表明评价对象越接近最优解。对得分进行排名，排名第一位为最优解。

$$S_a = \frac{\sqrt{\sum_{b=1}^{n} \omega_b (\max_{a=1}^{m} z_{ab} - z_{ab})^2}}{\sqrt{\sum_{b=1}^{n} \omega_b (\max_{a=1}^{m} z_{ab} - z_{ab})^2} + \sqrt{\sum_{b=1}^{n} \omega_b (\min_{a=1}^{m} z_{ab} - z_{ab})^2}} \tag{8.8}$$

通过赋权-TOPSIS 法，遴选出相应权重体系的最优解，将不同的权重体系下得到的最优解组成最优解集。

8.3 基于碳交易额方案投资总额计算方法

参考国内碳交易价格，将碳排放量按照碳排放配额价格折算并与成本相加，得到基于碳交易额方案投资总额，计算公式见式(8.9)。

$$C = CE \times CPE + LCC \tag{8.9}$$

式中：C——基于碳交易额方案投资总额（元）；

CPE——碳排放配额价格（元/kgCO$_2$），取$CPE = 5.33$[72]。

对最优解集各方案的碳交易额方案投资总额进行核算，总额最低的方案为海绵城市低碳建设最优方案。

第 9 章

基于多目标优化的新建居住小区
海绵化低碳建设

9.1 雨水径流模型构建

9.1.1 研究区概况及基本条件

研究对象为天水市麦积区某居住小区，总面积 26600m²，周边整体地势为西高东低，南高北低。研究区域包含的用地类型为建筑用地（42.11%）、道路用地（42.48%）和绿地（15.41%）。研究区概况如图 9.1 所示。

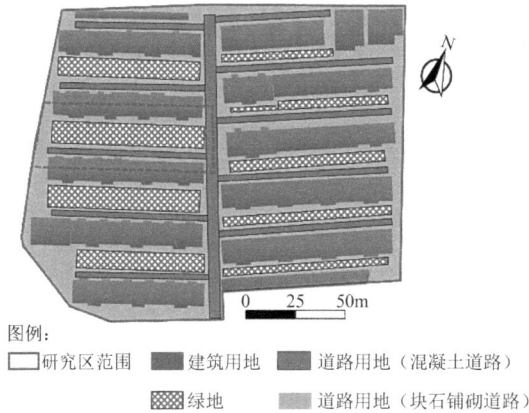

图 9.1 研究区概况

9.1.2 LID 设施选择

研究区主要的土地利用类型是建筑用地、道路用地以及绿地，因此布设的 LID 设施需满足相应的土地利用类型。在建筑物上适合绿色屋顶等设施的布设，在绿地适合布设生物滞留设施、下沉式绿地、植被缓冲带等滞蓄类设施，在道路两旁可以布设生物滞留设施、渗渠等、雨水桶（罐）等。其中，生物滞留设施和植被缓冲带都具有削减水量以及污染物的功能，但由于下沉式绿地、植被缓冲带对场地空间大小、坡度等条件要求较高，所以不作为所需的设施。由于易堵塞、维护较困难等原因，因此本研究中不选择渗渠设施。在居住小区布设四种常见的 LID 设施，分别是绿色屋顶、透水铺装、生物滞留设施和雨水桶（罐）。其中绿色屋顶包括表面层、土壤层和排水层；生物滞留设施包括表面层、土壤层和蓄水层；透水铺装包括表面层、路面层和蓄水层。通过深入分析相关文献、模型手册以及实际应用工程，根据不同的 LID 设施类型，采用最佳的优化方案，以获取更加准确、有效的 LID 设施参数，主要参数具体取值如表 9.1 所示。

各项 LID 设施参数取值表 表 9.1

分层	参数	绿色屋顶	透水铺装	生物滞留设施	雨水桶（罐）
表面层	挡水护栏高度（mm）	100	—	200	—
	植被体积比	—①	—①	—①	

续表

分层	参数	绿色屋顶	透水铺装	生物滞留设施	雨水桶（罐）
表面层	表面粗糙系数	0.2	0.014	0.18	
	表面坡度（%）	0.5	0.5	5	
土壤层	厚度（mm）	150	150	400	—
	孔隙率	0.46	0.46	0.46	
	土壤持水率	0.23	0.23	0.23	
	枯水率	0.12	0.12	0.12	
	导水率	3.3	3.3	3.3	
	吸水头（mm）	88.9	88.9	88.9	
蓄水层	厚度（mm）	100	—	200	
	孔隙率	0.5	—	0.75	
	下渗速率（mm/h）	12.5	—	12.5	
	雨水桶（罐）高度（mm）	—	—	—	900
排水层	流量系数	0.1		0.75	—
	流动指数	0.5	0.5	0.5	—

①注：随绿色屋顶、生物滞留设施位置变化，植被体积比有不同的取值。

9.1.3 雨水径流建模

根据研究区地形、土地利用情况和设计图纸，构建雨水径流模型，使用 ArcGIS 软件处理下垫面基础，将下垫面、汇水分区等导入 SWMM（版本号：5.2）城市雨洪模型。将模型设置为建筑屋顶—道路—绿地—市政管网的雨水径流路线，如图 9.2 所示。概化为 8 个子汇水区，16 个节点，16 根管道，1 个排出口，如图 9.3 所示。

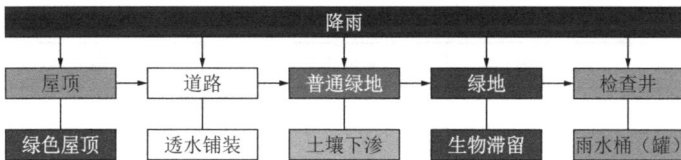

图 9.2 径流模拟路线

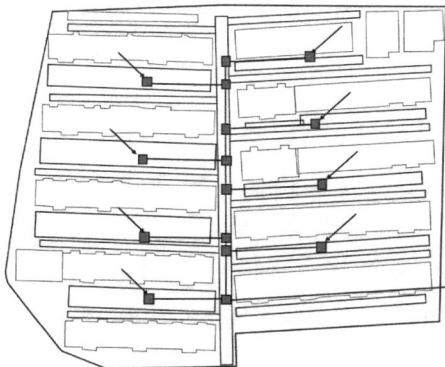

图 9.3 SWMM 径流模型

9.1.4 模型参数设置与率定验证

本研究选择霍顿下渗模型，霍顿下渗模型定义透水表面在降雨中渗透率随着时间指数增大而减小，初渗率取 25.4mm/h，衰减系数取 $4h^{-1}$。汇流模块选择 SWMM 径流模型，定义不同下垫面的地表粗糙系数；不透水面的汇流参数取 0.012，透水面的汇流参数取 0.2，参数取值来源于当地工程实例。天水市还未建设完善的雨水管网监测系统，采用综合径流系数法对研究模型进行验证。根据《室外排水设计标准》GB 50014—2021、《建筑给水排水与节水通用规范》GB 55020—2021 和《建筑与市政工程防水通用规范》GB 55030—2022 等国家标准，结合实际场地下垫面位置、土质的特点，屋面径流系数取 0.95，路面取 0.9，绿地取 0.1，通过面积加权计算得到场地的综合径流系数为 0.81。建立场地模型后，进行 2 年重现期常规降雨情景下（降雨量 22.03mm）模拟验证，最后得到场地的径流系数为 0.81，验证了本研究设定的模型参数的合理性。

9.2 多目标优化

在 PyCharm Community Edition（2022.3.2）中编写 NSGA-Ⅱ 算法程序，通过程序语句将 LID 设施布设情况写入 SWMM 软件，并导出场径流量模拟结果。经过优化计算及约束条件判断后得出帕累托最优解集，该解集由一组非支配个体组成，每个个体都代表着达到相应径流控制目标值所需建设成本最少、碳排放量最小的 LID 设施布设方案，可供决策者选择。NSGA-Ⅱ 算法中的参数选取见表 9.2。

NSGA-Ⅱ算法参数选取表　　　　　　　　　　　　表 9.2

参数	种群个数	遗传代数	交叉概率	变异概率
取值	87	500	0.3	0.3

经过优化计算得到一个帕累托最优解集，解集中包含了 87 组非劣解。每个解都代表着一种 LID 设施的组合，包含着每种 LID 设施的建设面积及其对应的目标水平等信息。对于解集中的任何一个点，都无法找到对应的 LID 组合能够满足在三个控制目标下都不劣于该点，还能使得最后一个控制目标优于该点的点。多目标优化帕累托最优解集如图 9.4 所示，帕累托最优解集对应的布设方案如图 9.5 所示。

由图 9.4 可知，多目标优化得到的解集年径流总量控制率介于 88%～94% 之间，满足《专规》要求，全生命周期碳排放量由最少的 $33.7527 \times 10^4 kgCO_2$ 增加至 $62.7629 \times 10^4 kgCO_2$，增幅为 85.95%。全生命周期成本由 705.6716 万元增加至 962.4480 万元。整体来看，随着年径流总量控制率的提高，全生命周期碳排放量和全生命周期成本均增加。

由图 9.5 可知，最优解布设方案中绿色屋顶布设面积为 2260～5538m²，占绿色屋顶面积比为 20%～50%，透水铺装布设面积为 6780～8180m²，占透水铺装面积比 60%～72%，生物滞留设施占比为 40%～63%。

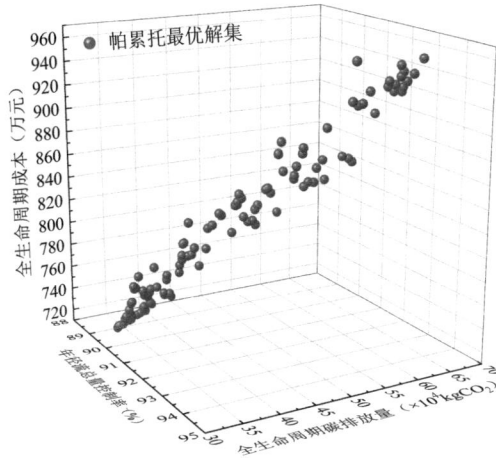

图 9.4 新建小区多目标优化帕累托最优解集

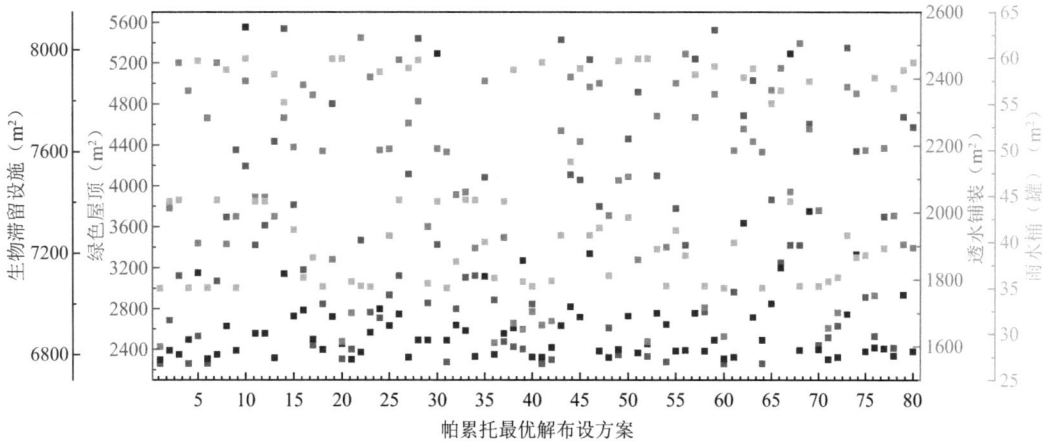

图 9.5 布设方案对应 LID 设施面积表

9.3 最优解集的选择

本节将帕累托最优解集中的点提取出来，分别基于不同设施导向和不同目标导向设置权重系数，权重组合及对应的权重见表 9.3。

小区尺度综合评价权重组合及对应值　　　　　　　　　　表 9.3

组合	绿色屋顶	透水铺装	生物滞留设施	雨水桶（罐）	年径流总量控制率	全生命周期碳排放量	全生命周期成本
组合 1	0.60	0.15	0.15	0.10	—	—	—
组合 2	0.15	0.60	0.15	0.10	—	—	—
组合 3	0.15	0.15	0.60	0.10	—	—	—
组合 4	—	—	—	—	0.10	0.45	0.45
组合 5	—	—	—	—	0.80	0.10	0.10

组合	绿色屋顶	透水铺装	生物滞留设施	雨水桶（罐）	年径流总量控制率	全生命周期碳排放量	全生命周期成本
组合6	—	—	—	—	0.15	0.60	0.25

注：在组合1、组合2和组合3中，权重系数＜0.5的为极小值指标，≥0.5的为极大值指标。

采用赋权-TOPSIS的方法，通过不同的赋权体系，对帕累托解集中每个点进行综合评价，对得分进行排序，排序为1的方案作为该权重体系下的多目标最优方案。结果及方案见表9.4。

评价方案LID设施布设情况及年径流总量控制率　　　　　　　表9.4

方案序号	绿色屋顶面积（m²）	透水铺装面积（m²）	生物滞留设施面积（m²）	雨水桶（罐）面积（m²）	年径流总量控制率（%）
1	5449.589	6848.485	2240.860	39.97	93.82
2	2403.630	7170.955	1651.471	35.71	89.70
3	2262.394	6783.48	2283.380	35.05	90.17
4	2261.211	6780.057	1600.001	35.00	88.71
5	3426.28	7985.18	2191.920	44.42	92.94
6	2439.854	6820.11	2007.050	35.22	89.94

9.4　最优解集结果与分析

9.4.1　最优解集LID设施布设情况分析

对方案中各类LID设施在总体中的比例进行分析，如图9.6所示。

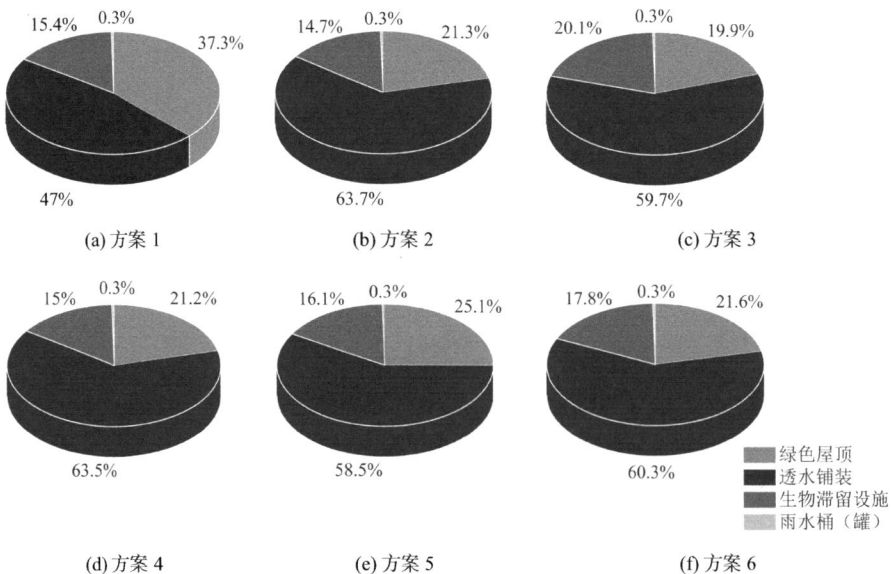

图9.6　赋权方案各类LID设施占比图

赋权结果的同一方案内各个低影响开发设施占总低影响开发设施面积比例如图9.6所

示，权重对决策过程有重要影响[73]。由图可知，在六个方案中，透水铺装的比例最大，绿色屋顶和生物滞留设施次之，雨水桶（罐）的占地面积最小。这是由于多目标优化选择中，透水铺装的单位面积碳排放量在四个 LID 设施中较小，并且透水铺装有一定的下渗雨水、减缓径流的能力，在年径流总量控制和碳排放两个目标中均起到了一定的作用，故优先布设。其次为绿色屋顶，绿色屋顶作为含有绿色植物的 LID 设施之一，有着绿地固碳的效果，能抵消一部分建设阶段、运维阶段和拆卸阶段的碳排放，同时满足《专规》中对绿色屋顶的最低面积要求。生物滞留设施作为四种 LID 设施中绿地固碳效果最好的设施，同时对雨水径流的消纳起主要作用。由图可知，方案 2、方案 3 和方案 6 年径流总量控制率相似，但在 LID 设施布设情况上有所区分，方案 2 中透水铺装的面积较大，生物滞留设施面积较小，根据"容积法"计算得到的生物滞留设施控制水量，并将其转化为当地年径流总量控制率后发现无法直接满足模拟结果的要求，在降雨初期下渗一部分雨水至透水铺装的土壤层，减缓了雨水径流流入生物滞留设施的时间和总量，达到了减量、削峰的效果[74]，方案 6 选择增大了生物滞留设施和绿色屋顶的面积，方案 3 则是选择仅增大生物滞留设施的面积达到雨水径流控制的效果。结果表明生物滞留设施对于雨水径流削减效果较好，文献[73]对此有着相似的结论。

9.4.2 全生命周期各阶段碳排放量分析

对通过赋权 TOPSIS 评价法得出的各个方案的碳排放量按照阶段进行分析，结果如图 9.7 所示。

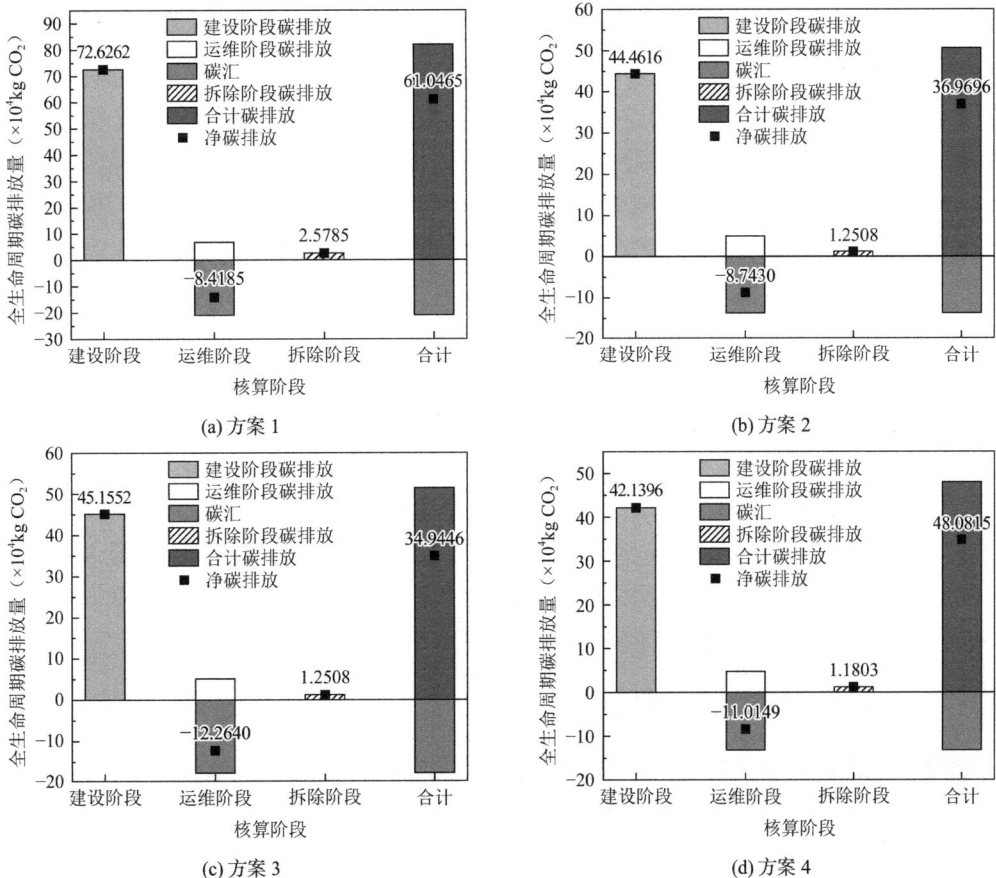

(a) 方案 1

(b) 方案 2

(c) 方案 3

(d) 方案 4

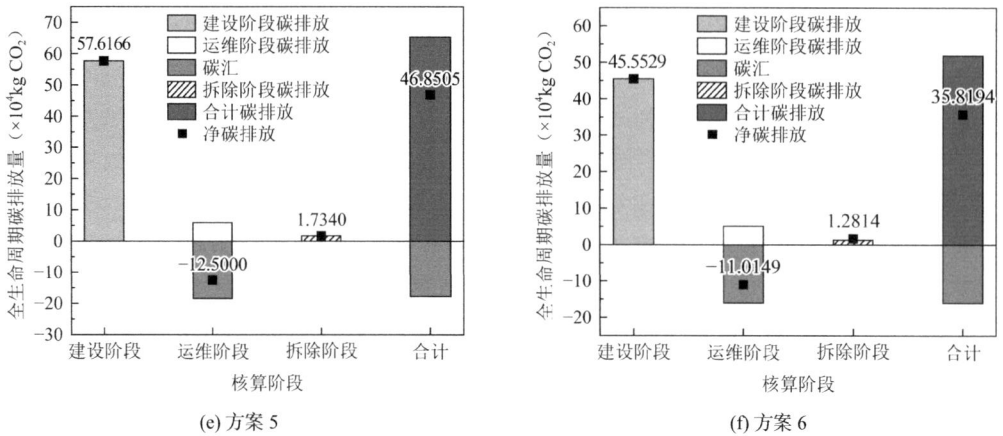

(e) 方案 5

(f) 方案 6

图 9.7 评价方案全生命周期各阶段碳排放量

如图 9.7 所示，方案 1 的全生命周期碳排放量最高，为 $61.0465 \times 10^4 kgCO_2$，方案 4 的碳排放量最低，为 $34.9014 \times 10^4 kgCO_2$。LID 布设总面积由大到小为：方案 1——14578.91m²、方案 5——13647.79m²、方案 3——11364.30m²、方案 6——11302.23m²、方案 2——11261.77m² 和方案 4——10676.27m²，布设面积的增大是影响全生命周期碳排放量变化的主要的因素之一。随着布设面积的增大，LID 设施建设阶段、维护阶段和拆除阶段的碳源增加，而碳汇增加量小于碳排放量的增大量，故碳排放量呈增大趋势。

对不同阶段进行分析，建设阶段所需要的碳排放量最多，运维阶段次之，需要最少碳排放量的阶段是拆除阶段。建设阶段的材料生产、材料运输和设施建造等活动均需要较大的碳排放量来支撑，运维阶段的碳排放量一方面来自 LID 设施降解污染物产生的温室气体，另一方面则是在 LID 设施日常维护过程中的碳排放，如绿色屋顶和生物滞留设施的浇洒、维修等活动。拆除阶段碳排放量最低，这是由于在本碳排放核算过程中，拆除阶段只考虑了拆除设备、机械等所需能耗所产生的碳排放量[75]。除碳排放之外，全生命周期中还包括绿色屋顶、生物滞留设施的碳汇量，如运行阶段的绿地固碳活动等。相比其他研究，本研究中碳排放量为正值，这是由于在核算中，仅将在生产过程中产生再生资源或能量并可向外输送的活动定义为碳汇，碳汇只包括了通过 LID 设施自身所产生的二氧化碳减少量，其他文献分析的如节能减排、污染物削减等均不在核算边界中。

方案 3 和方案 2 相比，建设阶段碳排放量增大了 $0.6936 \times 10^4 kgCO_2$，生物滞留设施面积与方案 2 相比增加了 631.91m²，对应全生命周期碳汇量增加 $4.2275 \times 10^4 kgCO_2$，占总碳汇量的 31%。生物滞留设施在地上和地下的碳固存过程中所提供的生态服务都是非常有价值的[76]，并为整个方案带来减碳效果。故决策者在考虑碳排放的条件下，可以提高生物滞留设施的布设面积，以减少 LID 设施组合的碳排放量。

9.4.3 LID 设施组成碳排放量分析

将赋权结果得到的 LID 设施组合按照不同设施进行分析，由于对污染物去除的直接碳排放是通过加权污染物削减率求得的，故将直接碳排放单独在合计中标出，结果如图 9.8 所示。

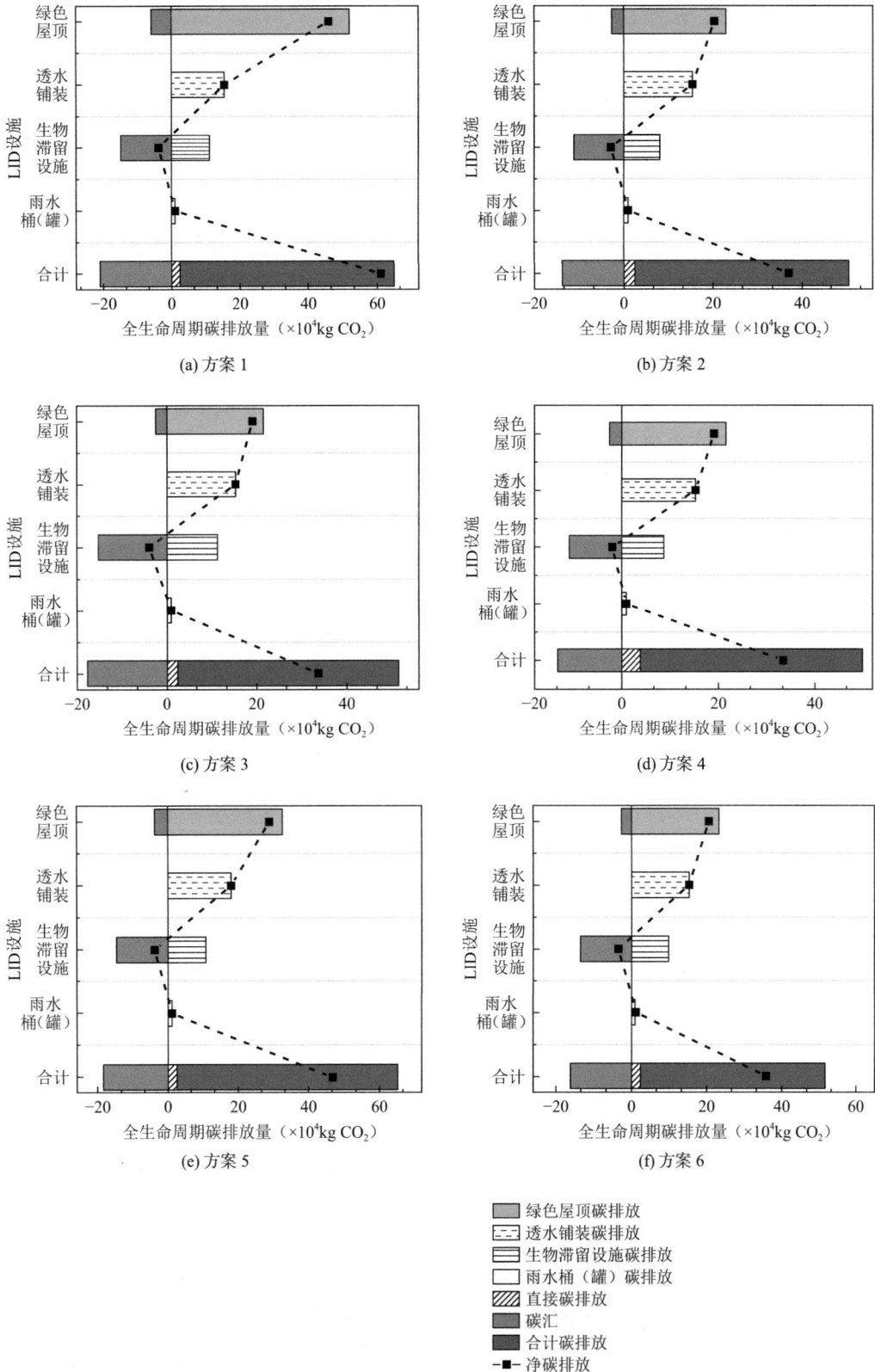

(a) 方案 1

(b) 方案 2

(c) 方案 3

(d) 方案 4

(e) 方案 5

(f) 方案 6

绿色屋顶碳排放

透水铺装碳排放

生物滞留设施碳排放

雨水桶（罐）碳排放

直接碳排放

碳汇

合计碳排放

净碳排放

图 9.8 赋权方案全生命周期碳排放量各 LID 设施组成图

由图 9.8 可知，四种 LID 设施的碳排放量差异较大，绿色屋顶的碳排放量最大，这与 Moore 等人[77]绿色屋顶碳排放量最高的结论一致，六种方案的绿色屋顶碳排放量分别为 $45.9874 \times 10^4 kgCO_2$、$20.28 \times 10^4 kgCO_2$、$19.09 \times 10^4 kgCO_2$、$19.08 \times 10^4 kgCO_2$、$28.91 \times 10^4 kgCO_2$ 和 $20.59 \times 10^4 kgCO_2$。由于表面有绿色植物，绿色屋顶在运行阶段产生一部分碳汇，30 年全生命周期碳汇量为 $-5.97 kgCO_2$、$-2.63 kgCO_2$、$-2.48 kgCO_2$、$-2.48 kgCO_2$、$-3.75 kgCO_2$ 和 $-2.67 kgCO_2$。其次，碳排放量较大的是透水铺装，由于其结构没有绿色植物层，同时在小区尺度没有其他碳汇来源，所以透水铺装只有碳排放，没有碳汇。研究结果与马洁[17]的研究各阶段碳排放量分布结果相似。透水铺装的六种方案平均全生命周期碳排放为 $15.92 \times 10^4 kgCO_2$。碳排放量为正值的最小 LID 设施为雨水桶（罐），雨水桶（罐）主要是针对场降雨初期雨水进行收集储存，通过生物滞留设施对雨水进行污染物削减后回用，无碳汇阶段，由于雨水桶（罐）的设计量较小，所以在正值 LID 设施组合中碳排放量仅占 $1.7\% \sim 2.62\%$，但是雨水桶（罐）的全生命周期单位容积碳排放量最高，为 $293.783 kgCO_2/m^3$。生物滞留设施的全生命周期碳排放量为四个 LID 设施中唯一一个负值设施，碳排放量为：$11.11 \times 10^4 kgCO_2$、$8.19 \times 10^4 kgCO_2$、$11.32 \times 10^4 kgCO_2$、$7.93 \times 10^4 kgCO_2$、$10.87 \times 10^4 kgCO_2$ 和 $9.95 \times 10^4 kgCO_2$，碳汇量为：$-14.99 \times 10^4 kgCO_2$、$-11.05 \times 10^4 kgCO_2$、$-15.28 \times 10^4 kgCO_2$、$-10.70 \times 10^4 kgCO_2$、$-14.66 \times 10^4 kgCO_2$ 和 $-13.43 \times 10^4 kgCO_2$。方案 3 中，生物滞留设施的碳汇量是绿色屋顶碳汇量的 6.17 倍，表明生物滞留设施有较大的碳汇潜力[78]。

9.4.4 成本分析

对最优解集中的各个方案的总成本、各设施成本以及方案单位面积成本进行分析，结果如图 9.9 所示。

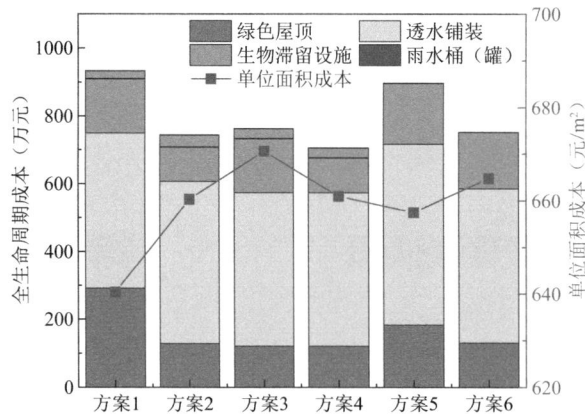

图 9.9 全生命周期成本组成及单位面积成本图

由图 9.9 可知，六种布设方案全生命周期成本区间为 705.67 万～933.62 万元，包括最优解集的最低值，涵盖最优解集的 89%，这是因为在赋权过程中主要注重对低成本方案的筛选，所以不包括最优解集的最大值。六种布设方案不同设施的投资中，最高的设施为透水铺装，最低的为雨水桶（罐），成本投资与布设体量有着密切的联系，Li 等[79]的研究结果与此相似。方案单位面积成本为 640~671 元/m², 径流总量控制率较低的方案单位面积成本较高且变化幅度小, 这是由于方案 2、方案 4 的生物滞留设施面积相近, 透水铺装和绿色屋顶的成本总和相似。这表明, 绿色、蓝色和灰色基础设施在空间和规模上的合理安排对于应对城市降雨事件和降低全生命周期成本至关重要[73]。

9.5　基于碳交易额的最优低碳方案选择

参考国内碳交易价格, 将碳排放量按照碳排放配额价格折算并与成本相加, 总额最低的方案为新建小区布设最优方案, 核算结果见图 9.10、表 9.5。

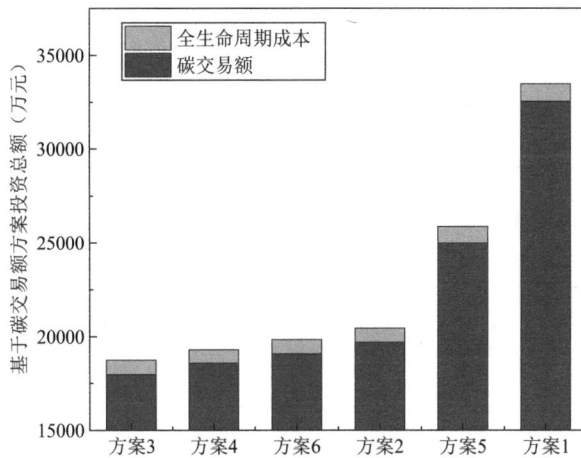

图 9.10　不同方案的基于碳交易额方案投资总额

由图 9.10 可知, 方案 3 的投资总额最低, 所以方案 3 为最优布设方案。与全生命周期成本相比, 碳交易额在投资总额中的比重较大, 这是因为现阶段单位碳交易额较高。随着投资总额的增加, 全生命周期成本和碳交易额并不是同时增加的, 如方案 3 和方案 4, 两者相比, 方案 4 的碳交易额的增大速度大于方案 3, 方案 4 的全生命周期成本低于方案 3。这表明在投资角度, 碳排放是一个需要考虑的因素。依照最优方案, 提出新建居住小区碳减排策略, 并对该方案的碳减排效益进行分析。

碳排放交易额核算表　　　　　　　　　　　　　　　　　　　　　表 9.5

方案序号	基于碳交易额方案投资总额（万元）	排名
1	33471.41	6
2	20448.29	4
3	18752.32	1
4	19308.13	2
5	25868.62	5
6	19843.05	3

9.6 碳减排分析

9.6.1 碳减排效应

新建小区结果如表 9.6 所示，各个设施碳减排效果贡献占比如图 9.11 所示。

新建小区最优方案碳减排量表

表 9.6

碳减排活动	绿地固碳	雨水净化	雨水利用	径流峰值削减	建筑节能
碳减排量（$\times 10^4 kgCO_2$）	17.7531	8.2201	10.6946	28.0656	41.5240

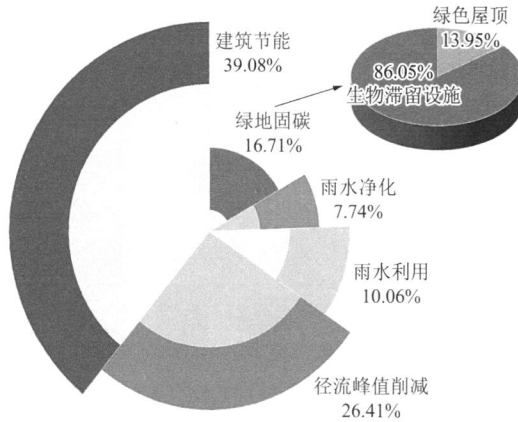

图 9.11 最优方案碳减排量组成图

由表 9.6、图 9.11 可知，雨水净化碳减排量为 83808.01kgCO_2，仅占比 7.74%，小区绿色屋顶、透水铺装和生物滞留设施能够去除雨水径流中的部分污染物，改善雨水径流水质，从而减少污染物在污水处理厂处理过程中产生的碳排放。雨水利用碳减排量为 107138.07kgCO_2，占碳减排量的 10.06%。雨水再利用产生二次水是现代雨水管理设施的一个重要优势[80]，雨水桶（罐）可收集初期雨水，沉降后回用。有助于抵消碳足迹，而且还能产生各种用途的二次水。最优方案的绿地固碳量为 $-17.75 \times 10^4 kgCO_2$，其中，生物滞留设施占比 86.05%，绿色屋顶占比 13.95%。LID 设施中，生物滞留设施和绿色屋顶可以通过表层的蓄水层收集滞留的部分雨水以涵养设施植物、冲洗屋面或浇洒绿地，新建小区不做海绵化建设情况下，设计布置雨水管网，在新海绵化建设情况下，不考虑管网布置的碳排放，认为雨水从生物滞留设施的溢流管和底部盲管排出后流向市政管网。径流峰值削减碳减排量为 139146.92kgCO_2，在碳减排量贡献中仅次于建筑节能。O'Sullivan 等[81]指出，与灰色排水基础设施相比，雨水花园对气候变化的影响较小。建筑节能碳减排主要来源于绿色屋顶，绿色屋顶对建筑环境的改善作用较为明显，周范文[82]的研究表明，不论是种植型还是蓄水型绿色屋顶均对建筑有良好的保温效果。30 生命周期建筑节能碳减排量为 206298.96kgCO_2。由于研究区没有雨水强排泵站，故碳减排活动不包括径流削减。

9.6.2 碳减排效益

传统建设新建居住小区对应于海绵化建设的主要设施包括：传统普通屋顶、传统普通混凝土道路和普通绿地的建设，本研究假定传统普通屋顶建设满足绿色屋顶荷载要求，普通绿地建设所需要的绿植植培土均为本地移栽，不另计算两设施的碳排放量，仅计算传统普通混凝土路面建设阶段、运行维护阶段和拆除阶段的碳排放量。运维阶段主要包括道路的日常养护，指的是对混凝土道路进行日常的清洁、绿化养护，日常养护主要依靠保洁绿化人工进行[83]，不计算该活动的碳排放量。

根据本小区道路建设资料以及道路工程专业碳排放量核算方法[84]，建设方案 3 透水铺装相同面积的传统混凝土道路的全生命周期碳排放量为：$108.1830 \times 10^4 kgCO_2$。与方案 3 的全生命周期碳排放量相比，碳减排效益为 $73.24 \times 10^4 kgCO_2$，单位面积碳减排效益为 $2753 kgCO_2/km^2$。表明对新建居住小区进行海绵化建设可以有效地降低碳排放量，具有较好的碳减排效益。

9.7 低碳建设优化潜力

9.7.1 径流总量控制量碳排放强度和海绵城市低碳建设优化潜力分析

径流总量控制量碳排放强度反映了雨量控制和碳排放量的关系，可以有效地评价布设方案区间内，设施组合中起多目标优化主导作用的 LID 设施的体量，碳排放强度越低，表明该方案在满足径流总量控制的条件下碳排放越少。对最优解集中所有方案的径流总量控制量碳排放强度进行分析，其径流总量控制率由 88.5% 开始增长，步长为 1%，将实验结果分为 6 组，每组为前开后闭区间。如图 9.12 所示。

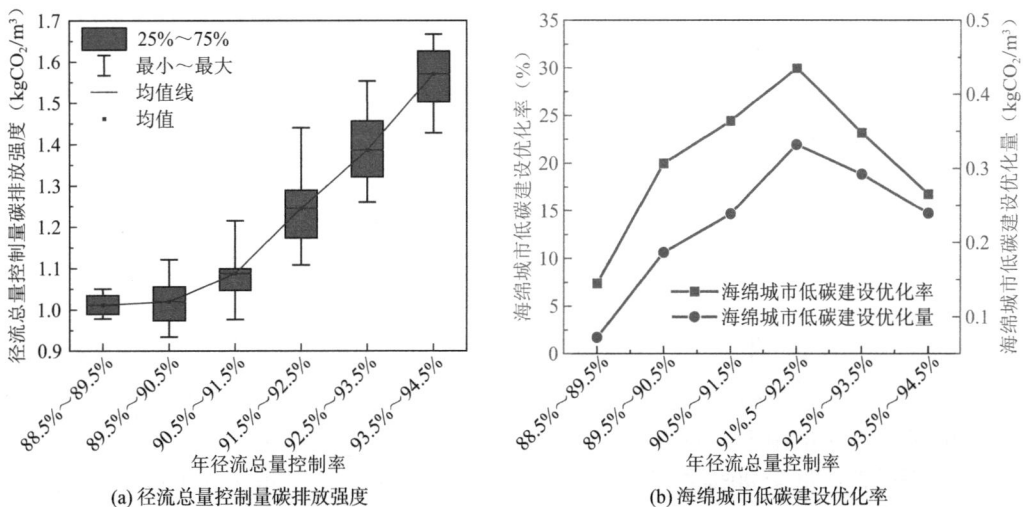

(a) 径流总量控制量碳排放强度   (b) 海绵城市低碳建设优化率

图 9.12   帕累托解集中年径流总量控制率与径流总量控制量碳排放强度和
海绵城市低碳建设优化率的关系

如图 9.12（a）所示，碳排放强度随着径流总量控制率的增大整体呈增大趋势。不同径流总量控制率区间内数据点分布呈非均匀态势，数量最多且差值最大的区间为 91.5%～92.5%，有 22 个实验方案。91.5%～92.5%区间内碳排放强度最低为 1.1085kgCO$_2$/m^3，碳排放强度最高为 1.4406kgCO$_2$/m^3。数量最少的区间为 90.5%～91.5%，仅有 14 个实验方案。径流总量碳排放强度差值最小的区间为 88.5%～89.5%，差值为 0.0723kgCO$_2$/m^3。在同一径流总量控制率区间下，部分方案的碳排放强度值变化范围大于区间步长占整体的比重，由于不同方案在不同阶段和不同 LID 设施碳排放量差异较大，同一范围内的径流总量控制率的不同方案会带来不同的碳排放效果。

如图 9.12（b）所示，6 个年径流总量控制率区间内海绵城市低碳建设优化量和优化率均呈先增大，后减小的趋势。优化潜力最大的区间为 91.5%～92.5%，优化率为 29.95%，优化量为 0.33kgCO$_2$/m^3。优化潜力最小为 7.39%，在 88.5%～89.5%区间内。88.5%～89.5%区间低碳优化潜力差，优化量为 0.072kgCO$_2$/m^3，其他 5 个区间，优化潜力均大于 15%，区间内方案的布设方案多样，碳排放能力不尽相同，低碳目标下有着更多的方案供决策者取舍，优化潜力较高。

9.7.2 帕累托解集分析

以 LID 设施年径流总量控制率为横轴，以碳排放强度为纵轴，绘制帕累托解集在二维平面上的投影，如图 9.13 所示。

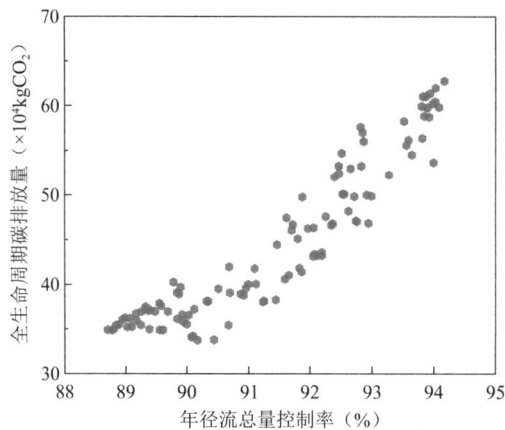

图 9.13 帕累托解集中 LID 设施年径流总量控制率与全生命周期碳排放量关系图

由图 9.13 可知，随着年径流总量控制率的增大，全生命周期碳排放量呈逐渐增大的趋势，二者变化成正比。这是由于控制率提高，LID 设施面积增大，建设阶段、运维阶段和拆除阶段的碳排放量均增大，LID 设施（如绿色屋顶、生物滞留设施）对雨水中的污染物处理产生的直接碳排放增大，而这两类设施的绿色固碳碳汇量增大幅度小于全生命周期其他活动的碳排放量的增加。前期随着年径流总量控制率的增大，排放量增加趋势较缓慢，年径流总量控制率低于90%时，碳排放量主要集中于 30×10^4～40×10^4kgCO$_2$ 之间，变化较小。在年径流总量控制率相对较低时，布设方案较多，89%～90%区间内有 26 个碳排放量对应方案。当年径流总量控制率由 90%逐渐增大时，碳排放量增幅明显，由 40×10^4kgCO$_2$

迅速增加至 $63 \times 10^4 kgCO_2$。

以 LID 设施年径流总量控制率为横轴，以全生命周期成本为纵轴，绘制帕累托解集中数据关系图，如图 9.14 所示。

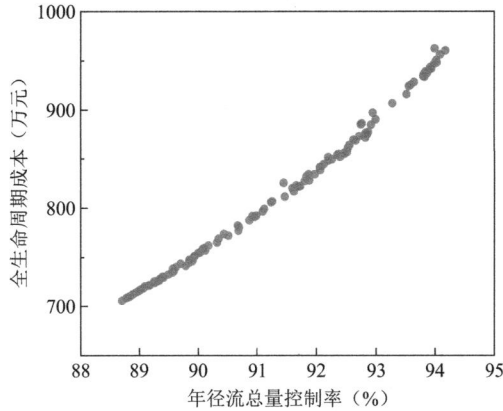

图 9.14　帕累托解集中 LID 设施年径流总量控制率与全生命周期成本关系图

如图 9.14 所示，随着年径流总量控制率的提升，全生命周期成本变化趋势相同，由 705 万元增加至 962 万元，增幅为 36%。由于年径流总量控制率提升，研究小区内所要布设的 LID 设施面积相应增大，故成本提高。随着年径流总量的提高，成本投入的增长速率变化较小，这与王江坤[70]的研究结果有着一定的区别，这是由于本研究地处我国西部地区，降雨量小于我国东部地区，对于径流总量控制的要求相对较小，LID 设施布设面积同时减小，未达到布设要求的上限。与图 3.6 对比可知，在相同年径流总量控制率下，成本所对应的点少于全生命周期碳排放量的点，表明在相同成本之下，对于 LID 设施有着不同的布设方案。

以 LID 设施全生命周期碳排放量为横轴，以全生命周期成本为纵轴，得到帕累托解集在二维平面上的投影，如图 9.15 所示。

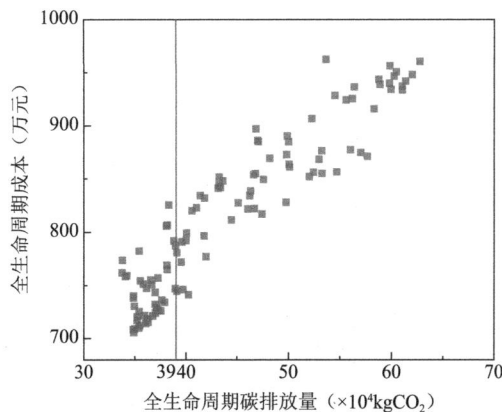

图 9.15　帕累托解集中 LID 设施全生命周期碳排放量与全生命周期成本关系图

如图 9.15 所示，全生命周期碳排放量和成本投入并不呈线性关系，但随着碳排放量的增大，全生命周期成本投入量呈增大趋势。全生命周期碳排放量最小时，成本投入为

705.67 万元，相比最大时的 960.38 万元降低 40%。相同的碳排放量有着并不同的布设方案，如在碳排放量约为 $39 \times 10^4 kgCO_2$ 时，全生命周期成本投入最高为方案 A 的 791.96 万元，最低投资为方案 B 的 744.75 万元，方案 A 的绿色屋顶面积较方案 B 减小 $61m^2$，生物滞留设施、透水铺装和雨水桶（罐）的面积与方案 B 相比分别增大了 $470m^2$、$140m^2$ 和 $23m^2$，由于绿色屋顶的单位面积碳排放量较大，同时生物滞留设施有着较好的碳汇效应，所以碳排放量相似。但由于单位成本相差较大，所以投资有一定的差距。该现象表明，在一定年径流总量控制率范围内，不同方案中全生命周期碳排放量大致相同，但是 LID 设施的侧重点并不相同。在投资相同的情况下，不同的海绵城市建设方案导致不同的径流控制率和污染物控制率[85]。

第 10 章

基于多目标优化的改建居住小区
海绵化低碳建设

10.1 ___ 雨水径流模型构建

10.1.1 研究区概况及基本条件

研究对象为天水市某改建住宅小区，总面积 28540m²，周边整体地势为西高东低，南高北低。研究区域包含的用地类型为建筑用地（44.20%）、道路用地（39.71%）和绿地（16.10%）。研究区域概况如图 10.1 所示。

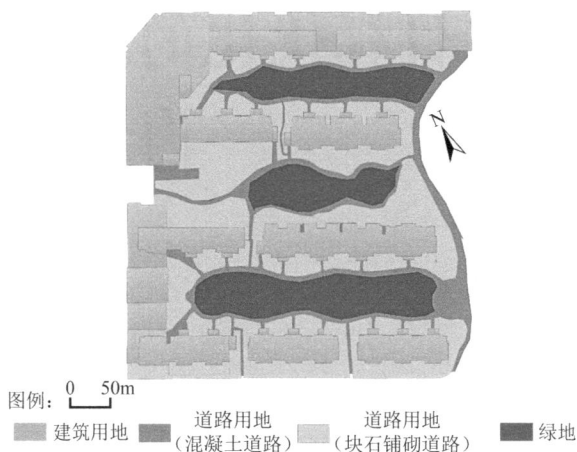

图例：
0 50m

建筑用地   道路用地（混凝土道路）   道路用地（块石铺砌道路）   绿地

图 10.1 改建居住小区概况

10.1.2 雨水径流建模

根据研究区地形、土地利用情况和设计图纸，构建雨水径流模型，使用 ArcGIS 软件对其下垫面进行处理，并将下垫面、汇水分区等导入 SWMM（5.2）城市雨洪模型。概化为 9 个子汇水区，35 个节点，35 根管道，1 个排水口，如图 10.2 所示。

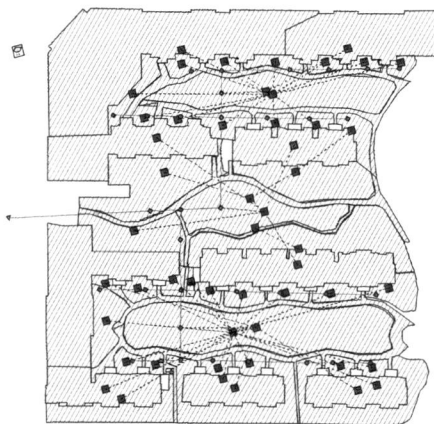

图 10.2 改建小区 SWMM 模型

10.1.3 模型参数设置与率定验证

改建小区模型参数的选择同 4.1 节。采用综合径流系数法对模型进行率定，根据《室外排水设计标准》GB 50014—2021、《建筑给水排水与节水通用规范》GB 55020—2021 和《建筑与市政工程防水通用规范》GB 55030—2022 等国家标准，结合实际场地下垫面位置、土质的特点，屋面径流系数取 0.95，路面取 0.9，绿地取 0.1，通过面积加权计算得到场地的综合径流系数为 0.72。建立场地模型后，进行 3 年重现期常规降雨情景（降雨量 26.58mm）模拟验证，最后得到场地的径流系数为 0.72，验证了本研究设定的模型参数的合理性。

10.2 多目标优化

在 PyCharm Community Edition（2022.3.2）中编写 NSGA-Ⅱ算法程序，将 SWMM（5.2）构建的改建小区文件与算法程序耦合，经过优化计算后得出帕累托最优解集，可供决策者选择。NSGA-Ⅱ算法中的参数选取见表 10.1。

NSGA-Ⅱ算法参数选取表　　　　　　　　　　　　表 10.1

参数	种群个数	遗传代数	交叉概率	变异概率
取值	139	500	0.3	0.3

改建小区多目标优化帕累托最优解集如图 10.3 所示，帕累托最优解集对应的布设方案如图 10.4 所示。

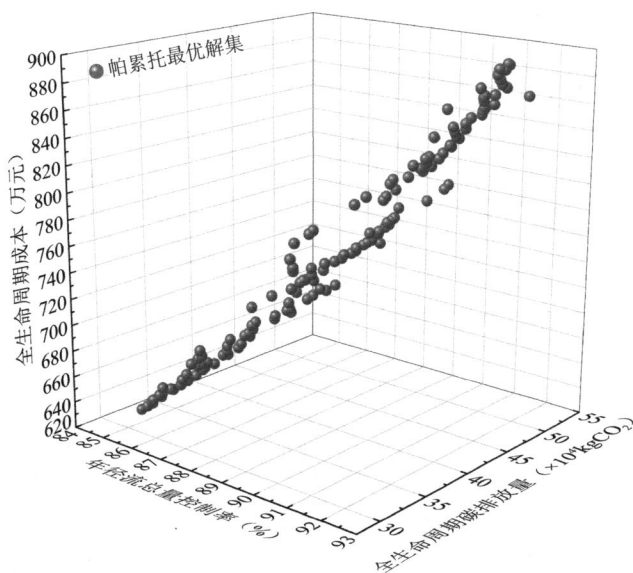

图 10.3　改建小区多目标优化帕累托最优解集

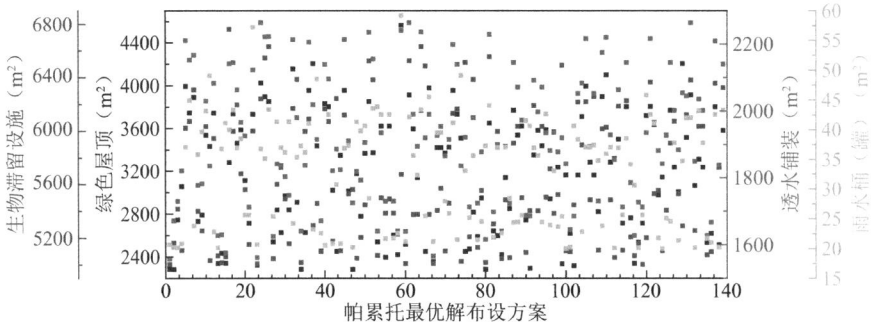

图 10.4　布设方案对应 LID 设施面积表

由图 10.3 可知，得到的解集年径流总量控制率分布于 85%～92% 之间，满足《专规》对改建小区的要求，全生命周期碳排放量由最少的 $31.32 \times 10^4 kgCO_2$ 增大至 $52.18 \times 10^4 kgCO_2$，增幅为 66.61%。全生命周期成本由 630.95 万元增加至 894.69 万元。整体来看，随着年径流总量控制率的提高，全生命周期碳排放量和全生命周期成本均增加，与新建小区的解集趋势相同。

由图 10.4 可知，最优解布设方案中绿色屋顶布设面积为 2284～4565m²，占屋顶面积 20%～40%，透水铺装布设面积为 5004～6760m²，占铺装面积 40%～54%，生物滞留设施面积为 1559～2265m²，占绿地面积 34%～49%。

10.3　最优解集的选择

本节将帕累托最优解集中的点提取出来，分别基于不同设施导向和不同目标导向设置权重系数，权重组合及对应的权重见表 9.3。

采用赋权 TOPSIS 的方法，对帕累托解集中每个点进行综合评价，对得分进行排序，排序为 1 的方案作为该权重体系下的多目标最优方案。赋权结果及方案见表 10.2。

评价方案 LID 设施组成　　　　　　　　　　　　　　　　　表 10.2

方案序号	绿色屋顶面积（m²）	透水铺装面积（m²）	生物滞留设施面积（m²）	雨水桶（罐）面积（m²）
1	3349.73	5105.68	1823.75	20.86
2	2284.18	5562.01	1724.91	20.19
3	3063.25	5256.06	1849.77	20.15
4	2286.10	5004.66	1558.70	20.65
5	2451.40	6486.09	1920.21	25.49
6	2286.10	5004.66	1558.70	20.65

注：方案 6 和方案 4 为同一个方案，后续仅对前 5 个方案进行分析。

10.4 最优解集结果分析

10.4.1 各方案 LID 设施布设情况分析

对方案中各类 LID 设施在总体中的比例进行分析，如图 10.5 所示。

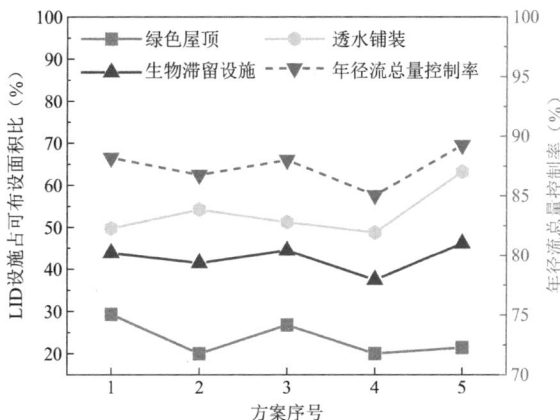

图 10.5 评价方案 LID 设施占比

由图 10.5 可知，生物滞留设施占比为 37%～46%，透水铺装的占比为 49%～63%，绿色屋顶面积比为 20%～29%，5 种方案均为透水铺装率＞生物滞留设施率＞绿色屋顶率，随着年径流总量控制率的变化，不同设施变化各有侧重，当径流总量控制率减小时（如方案 1 改为方案 2），透水铺装率的增大导致了生物滞留设施布设比例减小 3%，绿色屋顶布设比例减小 9%，这是因为，绿色屋顶面积下降后，积蓄在屋面的雨水通过雨落管汇入地面径流，若仅增大生物滞留设施的面积，则会导致雨水径流时间增加、峰值削减效果降低，Shen 等[86]的研究结果与之相似，所以需要提升透水铺装的面积来削峰减流。当径流总量控制率增大时（如方案 4 改为方案 5），各个设施增长速率排名为透水铺装＞生物滞留设施＞绿色屋顶，由于绿色屋顶碳排放量较大，解集选择单位碳排放量小的透水铺装和生物滞留设施来增强设施组合的雨水控制效果以减缓碳排放量的增加趋势。这两个方案均可以证明，绿色屋顶有着较好的源头径流控制能力[87]，在绿色屋顶面积有限的情况下，透水铺装可以作为削峰减流的良好措施。同时在赋权-TOPSIS 法选择最优解集过程中，权重对决策过程有重要影响[88]。

10.4.2 全生命周期各阶段碳排放量分析

由图 10.6 可知，方案 1 碳排放量最高，方案 4 碳排放量最低，全生命周期碳排放量分别为方案 1: $40.1614 \times 10^4 kgCO_2$，方案 2: $32.4158 \times 10^4 kgCO_2$，方案 3: $38.0481 \times 10^4 kgCO_2$，方案 4: $31.3211 \times 10^4 kgCO_2$ 和方案 5: $35.9576 \times 10^4 kgCO_2$。各阶段碳排放量由大到小为建设阶段、拆除阶段和运维阶段，变化规律同新建小区。由于为改建小区，透水铺装的可布设地块为块石铺砌道路或混凝土道路，在其建设阶段需要将原有道路拆除，故方案单位建设碳排放相较于新建小区有所提升，如在径流总量控制率为 89.40% 时，新建小区单位面积建设阶段碳排放量为 33.5706kgCO$_2$/m^2，改建小区单位面积建设阶段碳排放量为 38.4182kgCO$_2$/m^2，相差 4.8476kgCO$_2$/m^2。虽然单位面积建设阶段碳排放量增加，简易透水铺装仍是四种 LID 设施单位建设面积碳排放量最小的。

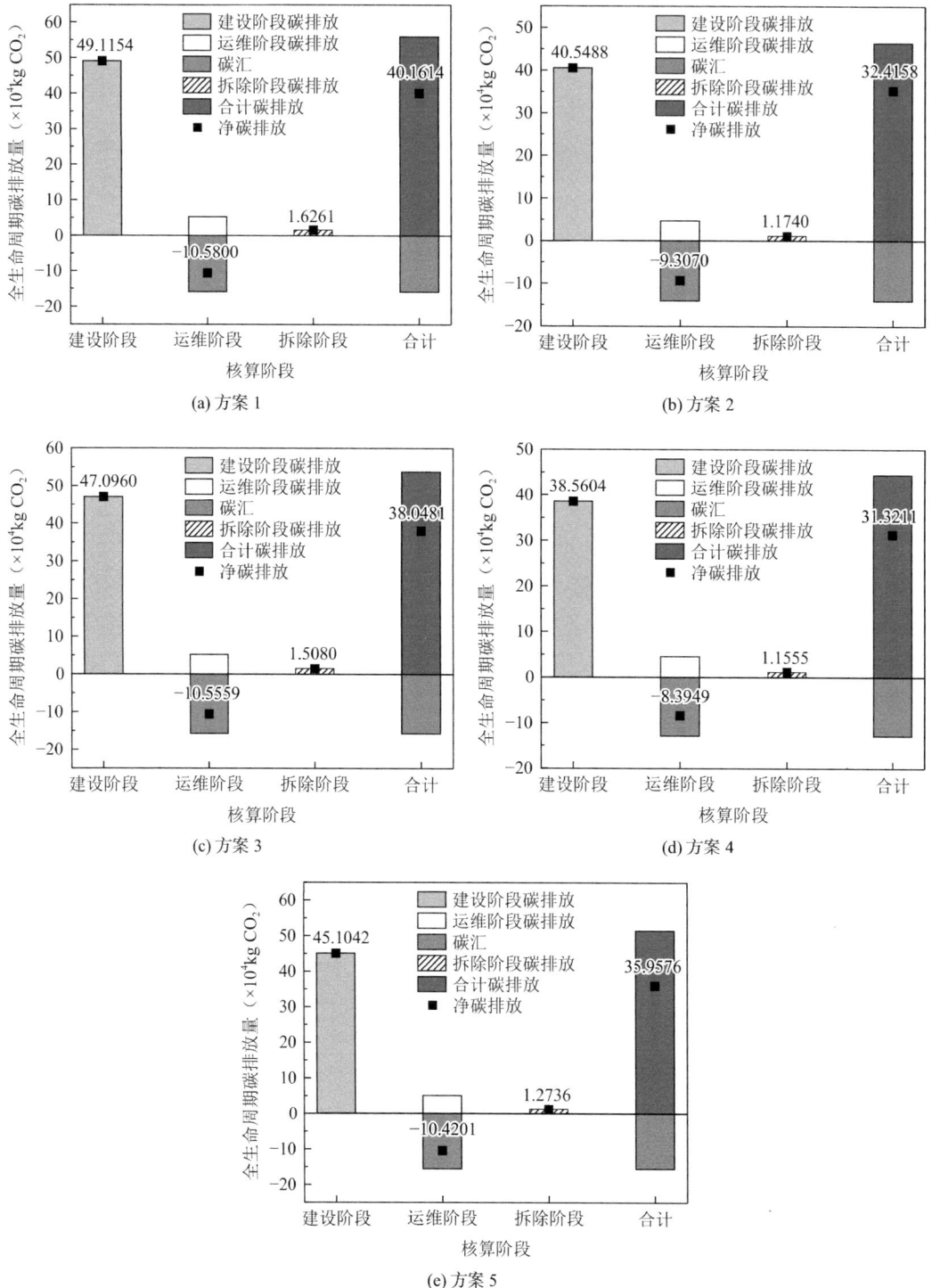

图 10.6 评价方案全生命周期各阶段碳排放量

10.4.3 设施组成碳排放量分析

将赋权结果得到的 LID 设施组合按照不同设施进行分析，将直接碳排放包括了各个 LID 设施去除污染物过程中的碳排放单独在合计中标出，结果如图 10.7 所示。

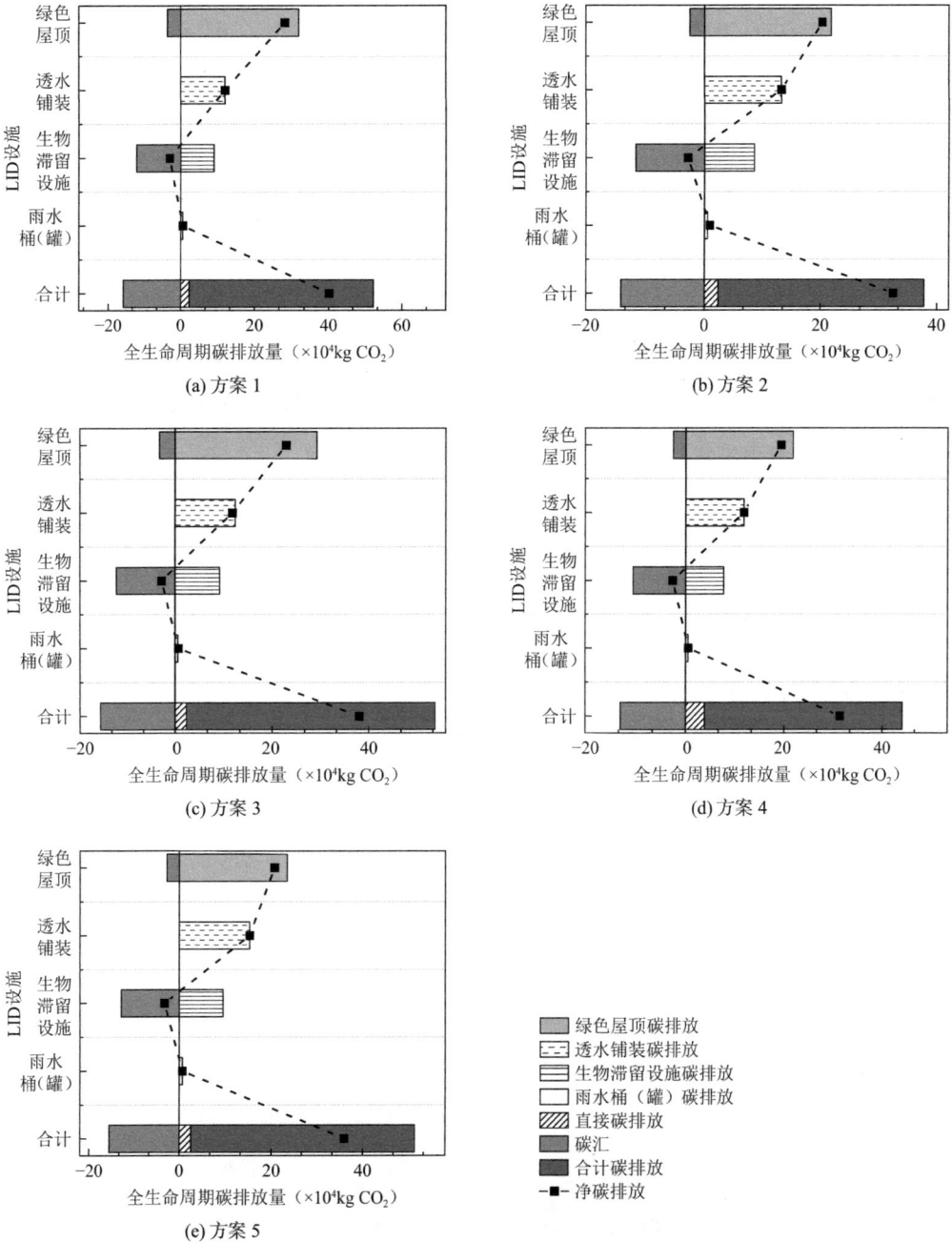

图 10.7 评价方案全生命周期碳排放量各 LID 设施组成

由图 10.7 可知，与新建居住小区各设 LID 施碳排放量分布趋势相同，改建小区四种 LID 设施的碳排放量有着较大的差异，其中，五种方案的绿色屋顶碳排放量分别为 28.27 ×

$10^4 kgCO_2$，$19.28 \times 10^4 kgCO_2$，$25.85 \times 10^4 kgCO_2$，$20.67 \times 10^4 kgCO_2$ 和 $19.29 \times 10^4 kgCO_2$。绿色屋顶的碳排放量最大。其次碳排放量较大的为透水铺装，透水铺装的五种方案平均全生命周期碳排放为 $12.76 \times 10^4 kgCO_2$。碳排放量为正值的最小 LID 设施为雨水罐，在碳排放量为正值的 LID 设施组合中碳排放量仅占 $1.37\% \sim 1.87\%$，但是雨水罐的全生命周期单位容积碳排放量最高，为 $293.783 kgCO_2/m^3$。与新建小区相同，生物滞留设施的全生命周期碳排放量为四个 LID 设施中唯一的负值设施，碳排放量分别为：$-3.06 \times 10^4 kgCO_2$，$-2.90 \times 10^4 kgCO_2$，$-3.11 \times 10^4 kgCO_2$，$-2.62 \times 10^4 kgCO_2$ 和 $-3.22 \times 10^4 kgCO_2$。由于改建小区中，可以放置雨水罐的位置有限，并且受到原有原建管网的限制，改建小区的雨水罐整体规模小于新建小区。故对雨水的存储能力主要依靠生物滞留设施，生物滞留设施的面积增大，同时带来了较大的碳汇量。方案全生命周期的碳汇量为：$-15.87 \times 10^4 kgCO_2$，$-14.04 \times 10^4 kgCO_2$，$-15.73 \times 10^4 kgCO_2$，$-12.93 \times 10^4 kgCO_2$ 和 $-15.53 \times 10^4 kgCO_2$。绿色屋顶在运行阶段产生一部分碳汇，30 年全生命周期碳汇量为 $-3.67 \times 10^4 kgCO_2$，$-2.50 \times 10^4 kgCO_2$，$-3.35 \times 10^4 kgCO_2$，$-2.50 \times 10^4 kgCO_2$ 和 $-2.68 \times 10^4 kgCO_2$。由图 10.7 可知，生物滞留设施的碳汇能力大于绿色屋顶，五种布设方案生物滞留设施的碳汇能力分别为绿色屋顶的 3.33，4.61，3.69，4.17 和 4.79 倍。LID 设施组合的直接碳排放是指通过过滤、化学吸附和生物过程改善雨水径流的水质，并提高地下水质量[89]。五组布设方案的直接碳排放量为：$2.3440 \times 10^4 kgCO2$，$2.3641 \times 10^4 kgCO_2$，$2.3555 \times 10^4 kgCO_2$，$2.2784 \times 10^4 kgCO_2$ 和 $2.4998 \times 10^4 kgCO_2$，最大差值为 $2213.74 kgCO_2$，LID 设施有处理能力限值，超过这个能力，提高投资不会带来更多的径流和污染物的减少[90]。因此，另一个解决方案是更换其他类型的 LID 设施，以实现更多的污染物削减量。

10.4.4 方案成本分析

对最优解集中的各个方案的总成本、各设施成本以及方案单位面积成本进行分析，结果如图 10.8 所示。

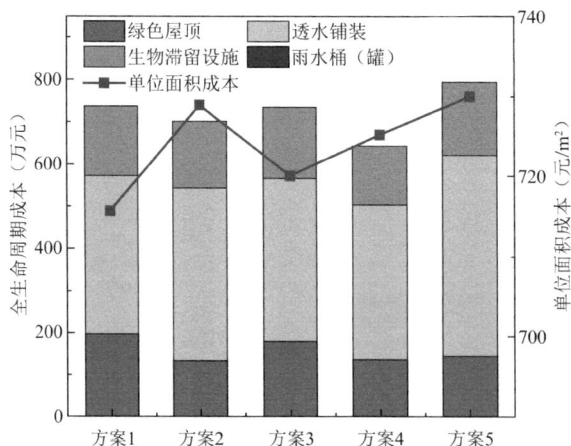

图 10.8 全生命周期成本组成及单位面积成本

由图 10.8 可知，五种布设方案全生命周期成本区间为 630.95 万～781.30 万元，包括最优解集的最低值，涵盖最优解集的 57%，选择结果是有效且合理的。与新建小区成本 LID 设施的投资趋势相同，五个方案中，成本最高的设施为透水铺装，占总成本最高达 55%，最低的为雨水桶（罐）。在有滞蓄层的 LID 设施中，除方案 1 外，其他方案绿色屋顶的成本占比略低于生物滞留设施，最大为 3%，由于生物滞留设施面向整个研究区滞蓄雨水，蓄水量高于绿色屋顶，所以高投资的生物滞留设施有着更好的效益表现，Zhi 等[91]对此的研究结果与之相似。布设方案单位面积成本为 655～718 元/m²，整体高于新建小区，这表明径流总量控制率高的方案会降低方案投资，有着较高的成本效益[92]。

10.5 基于碳交易额的最优低碳方案选择

10.5.1 最优方案的选择

参考国内碳交易价格，将碳排放量按照碳排放配额价格折算并与成本相加，总额最低的方案为改建小区布设最优方案，结果见表 10.3。

碳排放交易额核算表 　　　表 10.3

方案序号	基于碳交易额方案投资总额（万元）	排名
1	22125.28	5
2	17964.39	2
3	20947.54	4
4	17325.11	1
5	19946.70	3

由表 10.3 可知，方案 4 为最佳布设方案，依照此方案，提出新建居住小区碳减排策略，并对该方案的碳减排效益进行分析。

10.5.2 改建居住小区低碳建设策略

改建小区在进行海绵化建设过程中，多目标优化中的最优方案相比原有运行模式增加了碳排放，所以改建居住小区在海绵化建设中，按照新建小区低碳建设路径中对 LID 设施的定位，在满足年径流总量控制率最低要求的前提下，与传统的雨水管理实践相结合，布设 LID 设施，以降低碳排放量，作为改建居住小区低碳建设路径。

10.6 碳减排分析

10.6.1 改建居住小区海绵化建设碳减排效果

改建小区海绵化建设相对于传统建设的碳减排效果核算结果如表 10.4 所示，各个设施碳减排效果贡献占比如图 10.9 所示。

改建小区最优方案碳减排量表

表 10.4

碳减排活动	绿地固碳	雨水净化	雨水利用	径流峰值削减	建筑节能
碳减排量 （$\times 10^4 kgCO_2$）	12.9310	7.8425	10.3890	27.2638	41.9591

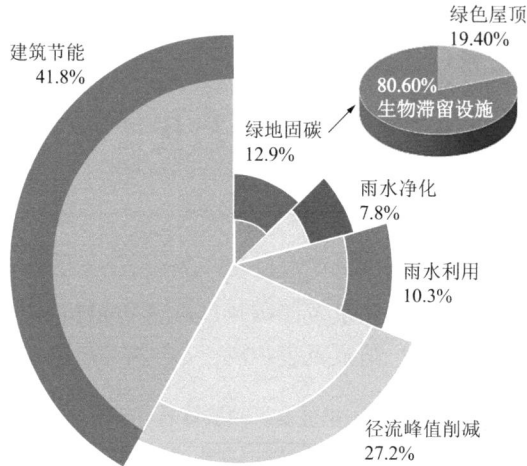

图 10.9　改建小区最优方案碳减排效果

由表 10.4、图 10.9 可知，方案 4 的绿地固碳量为 $12.93 \times 10^4 kgCO_2$，其中，生物滞留设施占比 80.60%，绿色屋顶占比 19.40%，相较于新建小区，改建小区绿地固碳量小于新建小区。方案 4 的雨水利用碳减排量为 $10.39 \times 10^4 kgCO_2$，占碳减排量的 10.30%。径流峰值削减碳减排量为 $27.26 \times 10^4 kgCO_2$，在碳减排量贡献中排名第二。雨水净化碳减排量为 $7.84 \times 10^4 kgCO_2$，仅占比 7.80%。建筑节能碳减排主要来源于绿色屋顶，30 年生命周期建筑节能碳减排量为 $12.93 \times 10^4 kgCO_2$。由于研究区没有雨水强排泵站，故碳减排活动不包括径流削减。

10.6.2　改建居住小区相比传统建设碳减排效益

老旧居住小区在进行海绵化改建前，与 LID 设施建设对应的设施主要包括：传统普通屋顶、传统普通混凝土道路和普通绿地。由于传统设施已经建造完成并投入使用，故在碳减排效益核算中不计算传统设施建设阶段碳排放量，仅计算运维活动和拆除活动的碳排放量。传统普通混凝土建设中的运行维护阶段碳排放量计算原则参照第 3 章，普通绿地运行阶段的碳排放量核算边界同第 5 章。

根据本小区道路建设资料以及道路工程专业相关碳排放量核算方法，方案 4 透水铺装相同面积的传统混凝土道路的拆卸阶段碳排放量为 $5405.03 kgCO_2$。参考相关文献的普通绿地碳排放因子[93]，运维阶段的碳排放量为 $-66821 kgCO_2$，拆卸阶段碳排放量为 $841.70 kgCO_2$，传统建设总碳排放量为 $-60574 kgCO_2$。以方案 3 的全生命周期碳排放量比较，海绵化建设的碳减排效益为 $-44.11 \times 10^4 kgCO_2$，单位面积碳减排效益为 $-1546 kgCO_2/km^2$，改建小区海绵化建设会增加碳排放量。在海绵化建设过程中碳排放量增加，一方面对原有老旧设施拆除需要增加碳排放量，另一方面根据前文计算结果，海绵化建设的全生命周期碳排放量为正值。虽然在建设海绵城市的过程中增加了一部分碳排放量，但是带来的雨量控制效益、雨水回用效益、节能减排效益、环境改善效益等，对城市的可持续发展和居民的生活质量都有积极的影响。

10.7 低碳建设优化潜力分析

10.7.1 径流总量控制量碳排放强度和海绵城市低碳建设优化潜力分析

对最优解集中所有方案的径流总量控制率和碳排放强度进行分析，径流总量控制率由85.5%开始增长，步长为1%，将实验结果分为8组，每组为前开后闭区间。将数据制作箱线图进行分析，如图10.10所示。

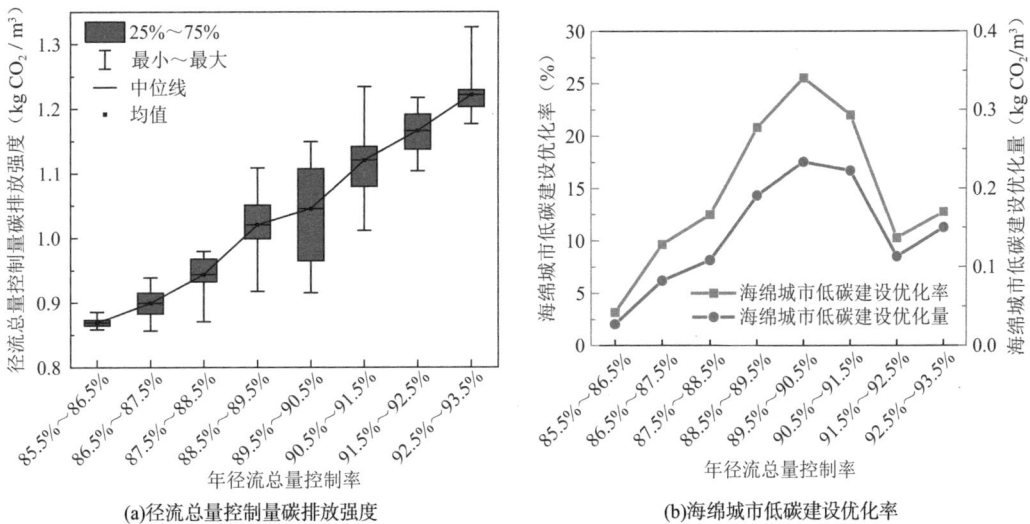

(a)径流总量控制量碳排放强度　　　　(b)海绵城市低碳建设优化率

图 10.10　帕累托解集中年径流总量控制率与径流总量控制量碳排放强度和海绵城市低碳建设优化率的关系

如图10.10（a）所示，不同径流总量控制率区间内数据点分布呈非均匀分布，碳排放强度随着径流总量控制率的增大整体呈增加趋势。数量最多且差值最大的区间为89.5%～90.5%，有24个布设方案，该区间内碳排放强度最低为1.1041kgCO$_2$/m³，最高为1.2173kgCO$_2$/m³。径流总量碳排放强度差值最小的区间为85.5%～86.5%，差值为0.0273kgCO$_2$/m³。数量最少的区间为90.5%～91.5%，仅有6个实验方案，该区间的平均值为0.8690kgCO$_2$/m³，表示LID设施组合方案在全生命周期内，每控制1m³的水量，会产生0.8690kgCO$_2$。与生物滞留设施的全生命周期碳排放强度相比，组合设施的碳排放强度高于生物滞留设施。是因为在组合中增加了绿色屋顶和透水铺装雨水桶（罐）等设施。雨水桶（罐）和透水铺装没有绿地固碳碳汇产生。绿色屋顶的单位面积碳汇量为生物滞留设施的

16%。故在生命周期的各个阶段，碳排放量相应增加，但碳汇量远不如仅设生物滞留设施。所以，从碳排放强度方面分析，生物滞留设施有着较好的减碳效果，适合改建小区建设。

与新建小区碳排放强度相比，改建小区在相同的径流总量控制率区间内，碳排放强度大于新建小区的碳排放强度。改建小区的总面积大于新建小区，在相同的控制率下，改建小区控制的径流量增大速度，低于 LID 设施碳排放的增加速度。以 90.5%～91.5%区间为例，新建小区碳排放强度最小为 $0.98kgCO_2/m^3$，改建小区为 $1.20kgCO_2/m^3$，改建小区每控制单位水量，需要比新建小区多投入 $0.22kgCO_2$ 的碳排放量。故在改建小区的 LID 设施建设中，需要增加碳排放量低、径流总量控制效果好的 LID 设施。

如图 10.10（b）所示，改建小区海绵城市低碳建设优化潜力呈现先增大后减小的趋势。在 89.5%～90.5%区间内，优化潜力最大，优化率为 25.52%，优化量为 $0.23kgCO_2/m^3$，优化潜力最小的区间为 85.5%～86.5%，为 3.19%。改建小区低碳建设优化潜力整体小于新建小区，优化率大于 15%的区间有 3 个，改建小区优化量平均值低于新建小区 $0.09kgCO_2/m^3$。由于在对小区的海绵化改造过程中，增加了拆除原有设施的碳排放量，同时，由于新建、改建小区地块条件不同，LID 设施布设率也不同，导致了改建小区减碳效果好的 LID 设施（如生物滞留设施）建设体量整体小于新建小区，故改建小区优化潜力小。

10.7.2 帕累托解集分析

以 LID 设施年径流总量控制率为横轴，以碳排放强度为纵轴，得到帕累托解集在二维平面上的投影，如图 10.11 所示。

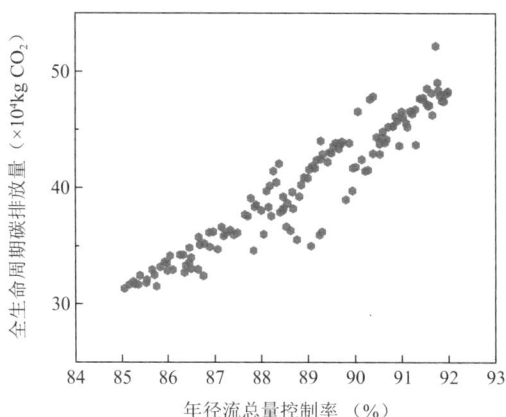

图 10.11 帕累托解集中 LID 设施年径流总量控制率与全生命周期碳排放量关系图

由图 10.11 可知，随着年径流总量控制率的增加，全生命周期碳排放量呈逐渐增大的趋势。随着径流总量控制率的增加，碳排放量增势平稳。相比于新建小区，改建小区年径流总量控制率低于 88%时，由 46 个布设方案组成。由于新建小区、改建小区对设施的体量要求不同，且新建小区和改建小区 LID 设施的布设方式有差异，改建小区已有原有建筑设施，需因地制宜，无法全面改建 LID 设施，进而导致径流削减效果减弱，在最低布设要求下，改建小区最低径流总量控制率对应的降雨量为 20.17mm，新建小区对应为 23.54mm。改建小区年径流总量控制率在大于 88%时，碳排放量点分布松散，碳排放量处于 34.98×

$10^4 \sim 52.18 \times 10^4 kgCO_2$ 之间，在生物滞留设施面积相似的前提下，碳排放量较低的方案以透水铺装作为主导设施，碳排放量高的方案则是选择绿色屋顶作为主导设施，同时增大雨水桶（罐）的储存能力，雨水桶（罐）可以起到调节峰值流量的作用[88]。二者相比，绿色屋顶的全生命周期碳排放量高于透水铺装。

以 LID 设施年径流总量控制率为横轴，以全生命周期成本为纵轴，得到帕累托解集在二维平面上的投影，如图 10.12 所示。

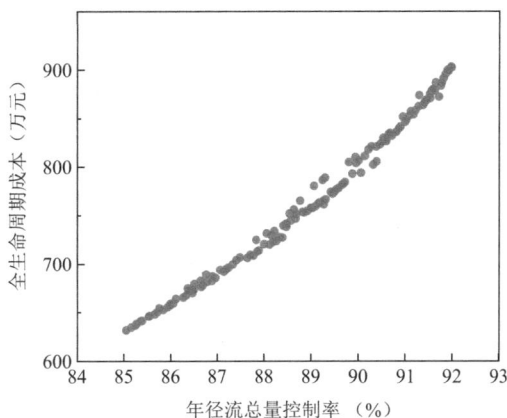

图 10.12　帕累托解集中 LID 设施年径流总量控制率与全生命周期成本关系图

如图 10.12 所示，随着年径流总量控制率的提升，全生命周期成本变化趋势相同，由 631 万元增加至 895 万元，增幅为 42%。成本增幅大于新建小区。这是由于全生命周期成本主要影响因素为 LID 设施的面积，径流总量控制率对应的控制水量的增长并非线性关系，随着单位控制率的提升，所需要布设的 LID 设施面积增加，研究中改建小区径流总量控制率起点低于新建小区。改建小区对应单场降雨量范围比新建小区增大 2.53mm，在年径流总量控制率为 90% 时，成本投资由 787.5 万元增加至 816.9 万元。

以 LID 设施全生命周期碳排放量为横轴，以全生命周期成本为纵轴，得到帕累托解集在二维平面上的投影，如图 10.13 所示。

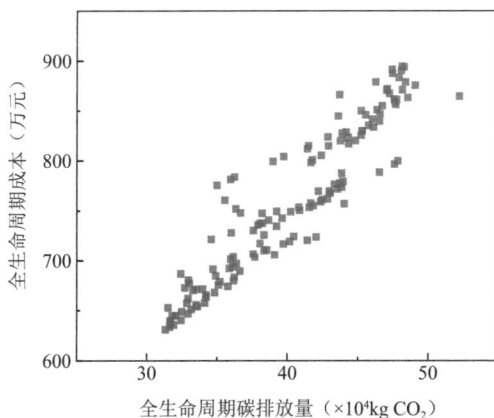

图 10.13　帕累托解集中 LID 设施全生命周期碳排放量与全生命周期成本关系图

如图 10.13 所示，全生命周期碳排放量和成本投入并不呈线性关系，但有着随着碳排放量的增大，全生命周期成本投入量增大的趋势。在全生命周期碳排放量低于 $35 \times 10^4 kgCO_2$ 时，成本投资点分布较密集，有 67 种方案，占总方案的 48%。随着碳排放量增加，布设方案数量逐渐离散，表明在碳排放量增加过程中，LID 设施的可选择性降低，这是因为生物滞留设施相较于透水铺装具有较好的径流控制效果，同时透水铺装的建设阶段单位面积碳排放量增加，因此，在该最优解集中，前期阶段四个设施组合灵活多变，均可达到三个优化目标的要求，后期为满足需要，以生物滞留设施和绿色屋顶为主，透水铺装面积变化范围较小，由此导致了碳排放量增长后期布设方案较少的现象。不同方案中全生命周期碳排放量大致相同，但是 LID 设施的侧重点并不相同。

第 11 章

基于多目标优化的新建市政道路
海绵化低碳建设

11.1 雨水径流模型构建

11.1.1 研究区概况

龙园西路位于天水市,是天水市麦积区马跑泉公园片区海绵化改造项目新建道路之一,规划道路等级为次干路,起点接泉湖路,沿线与经一路十字交叉,终点接颖川河西路交叉口。双向四车道,道路红线宽度 24m,道路全长 592m,研究区总面积为 14601m²,研究区如图 11.1 所示。

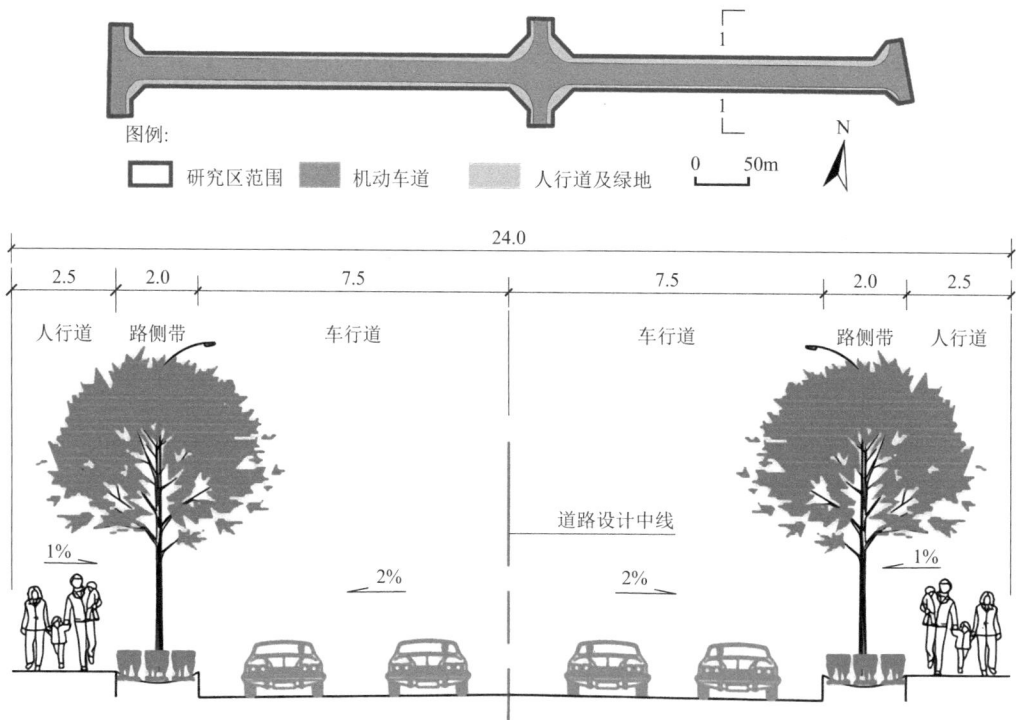

图 11.1　新建道路研究区示意图(单位:m)

11.1.2 LID 设施选择

市政道路主要的土地利用类型是道路用地以及绿地,所以布设的 LID 设施需满足相应的土地利用类型。在绿地适合布设生物滞留设施、下沉式绿地、植被缓冲带等滞蓄类设施,在道路两旁可以布设生物滞留设施、渗渠等。选择透水铺装和生物滞留设施作为市政道路布设的 LID 设施。设施构成和主要参数具体取值参考第 8 章。

11.1.3 雨水径流模型构建

根据研究区地形、土地利用情况和设计图纸,构建雨水径流模型,将下垫面、集水区等导入 SWMM(5.2)城市雨洪模型。概化为 32 个集水区,23 个节点,23 根管道,2 个排出口，如图 11.2 所示。

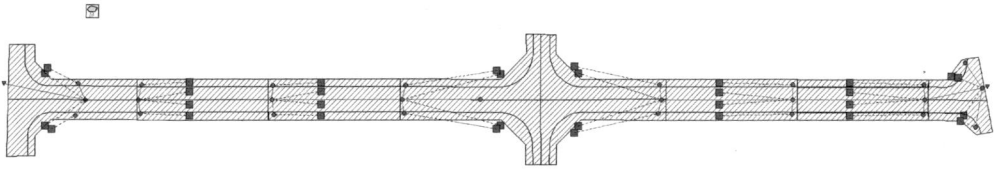

图 11.2 研究区域概化图

11.1.4 模型参数设置与率定验证

新建道路模型参数选择同 7.2 节。采用综合径流系数法对模型进行率定，根据《室外排水设计标准》GB 50014—2021、《建筑给水排水与节水通用规范》GB 55020—2021 和《建筑与市政工程防水通用规范》GB 55030—2022 等国家标准，结合实际场地下垫面位置、土质的特点，沥青铺装路面径流系数取 0.95，块石铺砌道路（人行道）取 0.65，绿地取 0.2。通过面积加权计算得到场地的综合径流系数为 0.80。建立场地模型后，进行 3 年重现期常规降雨情景（降雨量 26.58mm）模拟验证，最后得到场地的径流系数为 0.80，验证了本研究设定的模型参数的合理性。

11.2 多目标优化

在 PyCharm Community Edition（2022.3.2）中编写 NSGA-Ⅱ算法程序，将 SWMM（5.2）构建的新建道路文件与算法程序耦合，经过优化计算后得出帕累托最优解集，可供决策者选择。NSGA-Ⅱ算法中的参数选取见表 11.1。

NSGA-Ⅱ算法参数选取表　　　　　　　　表 11.1

参数	种群个数	遗传代数	交叉概率	变异概率
取值	87	500	0.3	0.3

新建道路多目标优化帕累托最优解集如图 11.3 所示。

由图 11.3 可知得到的解集年径流总量控制率分布于 83.91%～92.04%之间，满足《专规》要求，全生命周期碳排放量由最少的 $5.0617 \times 10^4 kgCO_2$ 增加至 $7.3555 \times 10^4 kgCO_2$，增幅为 45%。全生命周期成本由 249.98 万元增加至 372.90 万元。整体来看，随着年径流总量控制率的提高，全生命周期碳排放量和全生命周期成本均呈增加趋势。由帕累托最优解可知，布设方案中透水铺装布设面积为 2516～3738m²，生物滞留设施占比为 40%～61%。

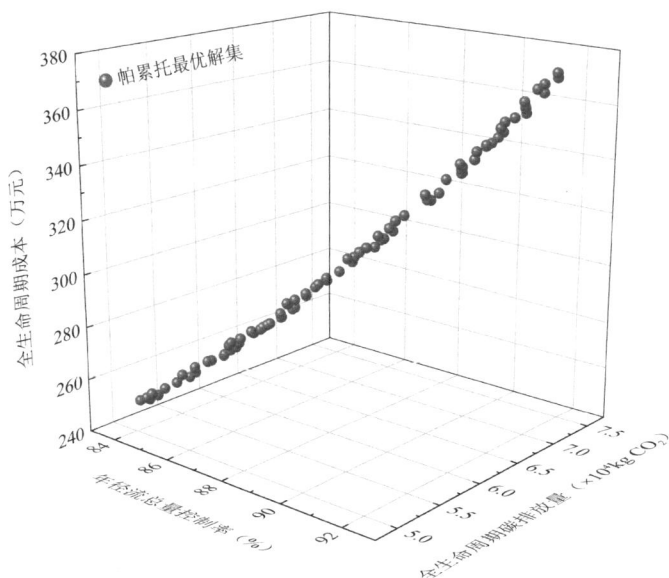

图 11.3　新建道路多目标优化帕累托最优解集

11.3　最优解集的选择

本节将帕累托最优解集中的点提取出来，分别基于不同设施导向和不同目标导向设置权重系数，权重组合及对应的权重见表 11.2。

道路尺度权重组合表　　　　　　　　　　　表 11.2

组合方案	透水铺装	生物滞留设施	年径流总量控制率	全生命周期碳排放量	全生命周期成本
组合 1	0.80	0.20	—	—	—
组合 2	0.20	0.80	—	—	—
组合 3	—	—	0.10	0.45	0.45
组合 4	—	—	0.80	0.10	0.10

采用赋权 TOPSIS 的方法，对帕累托解集中每个点进行综合评价，对得分进行排序，排序为 1 的方案作为该权重体系下的多目标最优方案。结果及方案见表 11.3。

不同权重体系下的多目标最优方案　　　　　　　表 11.3

方案序号	透水铺装面积（m²）	生物滞留设施面积（m²）
1	2896.22	1089.83
2	2625.69	1053.38
3	2515.64	1013.73
4	2545.55	1023.10

11.4 最优解集结果分析

11.4.1 各方案 LID 设施布设情况分析

由图 11.4 可知，生物滞留设施占比为 37%～46%，透水铺装的占比为 49%～63%，满足《专规》中对于最低 LID 设施布设面积的要求，四种方案均为透水铺装布设率 > 生物滞留设施布设率。与小区尺度不同，设施占比变化趋势与年径流总量控制率的变化相同，不透水路面的径流流向两侧生物滞留设施，人行道的径流经过透水铺装，流向生物滞留设施。随着需要控制的径流量加大，设施均增大。表明透水铺装和生物滞留设施有着良好的协同效应，Zhu 等[94]的研究与之有相似的结果。

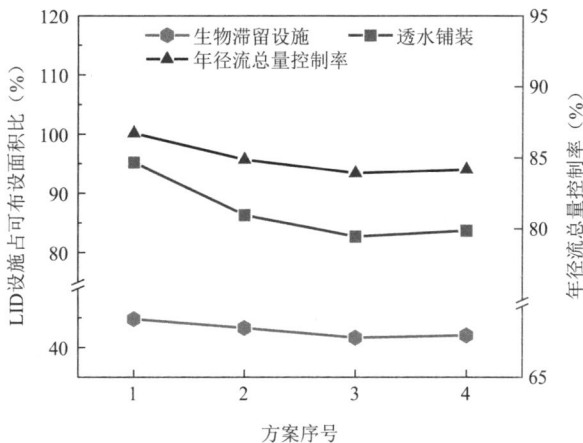

图 11.4 评价方案 LID 设施占比

11.4.2 全生命周期各阶段碳排放量分析

如图 11.5 所示，方案 1 的全生命周期碳排放量最高，为 $5.85 \times 10^4 kgCO_2$，方案 4 的碳排放量最低，为 $5.06 \times 10^4 kgCO_2$。各阶段碳排放量由大到小为建设阶段、拆除阶段和运维阶段。与小区尺度的决策解集相比，全生命周期碳排放量和各个阶段的碳排放量均减少。一方面由于研究区整体面积减小，相同径流总量控制率下的 LID 设施需要控制的径流量减少。另一方面为道路尺度研究区中没有布设绿色屋顶，减少了区域内的碳汇量。方案 1～方案 4 中正值碳排放量依次为：$13.14 \times 10^4 kgCO_2$，$12.31 \times 10^4 kgCO_2$，$11.84 \times 10^4 kgCO_2$ 和 $11.96 \times 10^4 kgCO_2$。净碳排放量依次为：$5.85 \times 10^4 kgCO_2$，$5.26 \times 10^4 kgCO_2$，$5.06 \times 10^4 kgCO_2$ 和 $5.12 \times 10^4 kgCO_2$。新建道路方案 3 与运维阶段中的碳汇量的绝对值与碳排放量的比值为 3.77，与新建小区相同赋权标准下的碳汇量的绝对值与碳排放量的比值增加 0.66。表明在新建条件下，道路尺度相比居住小区在运维阶段可以发挥出更好的碳汇效果。同时，全生命周期碳排放量如图 11.5 所示，虽然在相近径流总量控制区间内，径流总量控制量有一定差别，但在筛选中主要选择碳排放量小的方案，所以四种赋权体系得到的碳排放量相近，最大差值为 $7910 kgCO_2$，筛选体系有着较好的筛选效果。

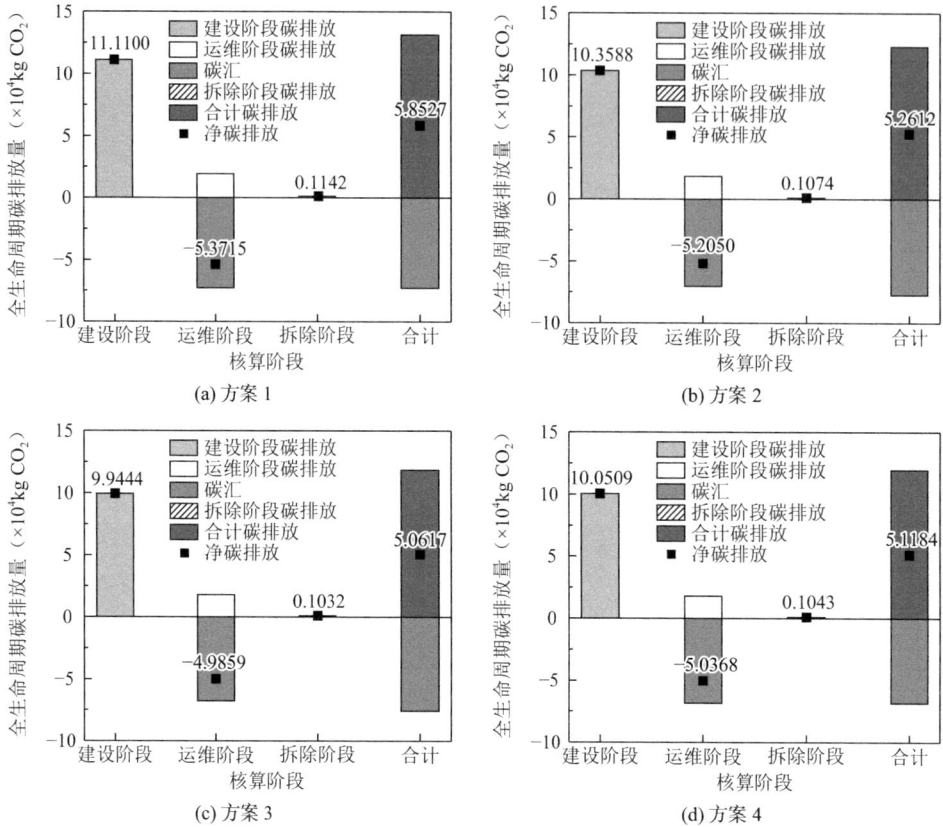

图 11.5 全生命周期各阶段碳排放量

11.4.3 设施组成碳排放量分析

全生命周期碳排放量设施组成如图 11.6 所示，四种布设方案中，透水铺装和生物滞留设施的正值碳排放量相近，如方案 2 生物滞留设施的面积为 1053m²，碳排放量为 $5.22 \times 10^4 kgCO_2$；透水铺装的面积为 2626m²，碳排放量为 $5.92 \times 10^4 kgCO_2$。表明在道路尺度全生命周期核算边界内，生物滞留设施由材料生产和运输、设施建造、拆卸等阶段产生的单位面积碳排放量大于透水铺装，约为透水铺装的 2.02 倍。各个方案的碳汇均由生物滞留设施产生，方案 1~方案 4 碳汇量分别为：$-7.29 \times 10^4 kgCO_2$，$-7.05 \times 10^4 kgCO_2$，$-6.78 \times 10^4 kgCO_2$，$-6.84 \times 10^4 kgCO_2$。

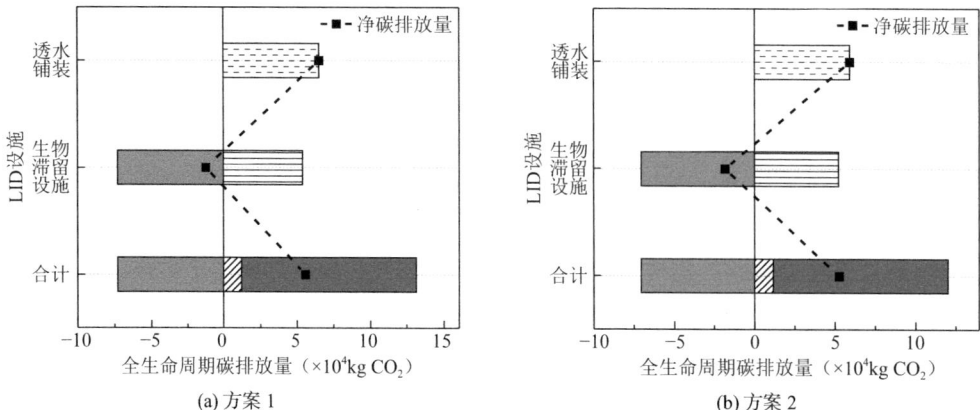

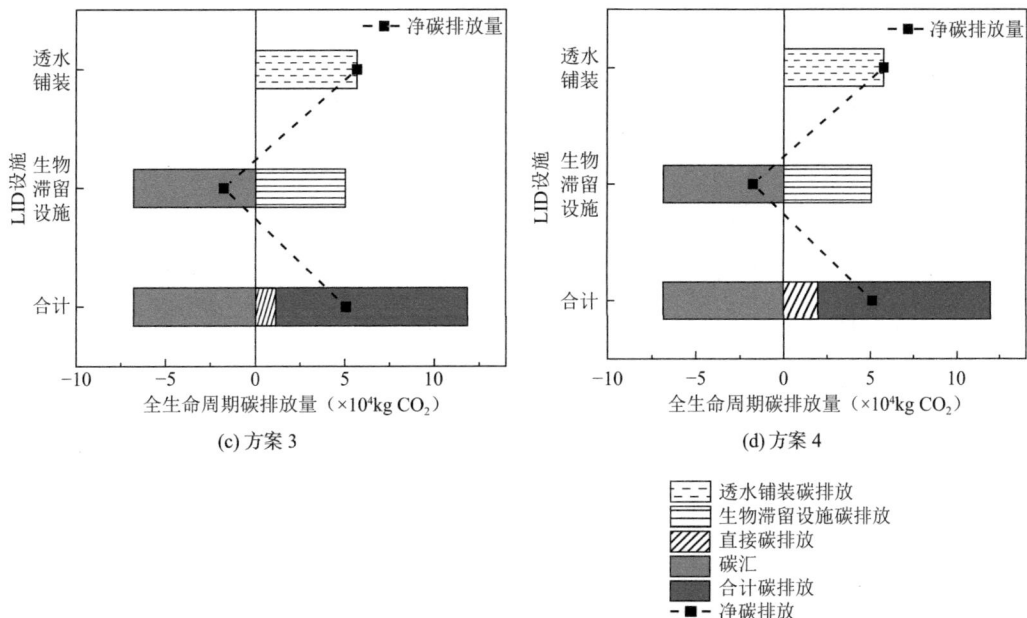

(c) 方案 3　　　　　　　　　　　(d) 方案 4

图 11.6　评价方案全生命周期碳排放量各 LID 设施组成

11.4.4　方案成本分析

由图 11.7 可知，四种布设方案全生命周期成本区间为 251.05 万～282.69 万元，涵盖最优解集的 26%，这是因为在赋权过程中的主要条件是降低方案的成本，所以结果为最优解集的成本偏小。和小区尺度结果相似，四种布设方案的投资中，成本最高的设施为透水铺装，成本投资与布设体量有着密切的联系[95]。四种布设方案单位面积成本介于709～711 元/m²，高于新建小区，故在道路尺度进行海绵城市设计时，应该注重对成本的把控[96]。生物滞留设施的单位面积成本为选择的 LID 设施中权重最高的一项，但在总体成本中占比为 32%～33%，可以在研究城市内推广使用。同时，可以将其他的滞蓄类设施，如雨水花园、生物滞留带、生态树池等，也越来越广泛地吸纳进新建地块的海绵城市设计中。

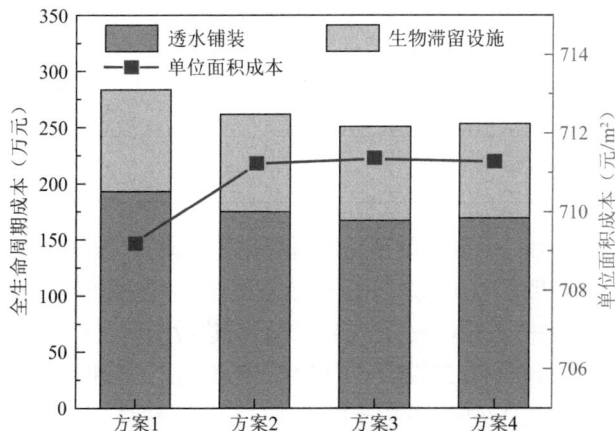

图 11.7　全生命周期成本组成

11.5   基于碳交易额的最优低碳方案选择

11.5.1   最优方案的选择

参考国内碳交易价格,将碳排放量按照碳排放配额价格折算并与成本相加,总额最低的方案为新建道路布设最优方案,核算结果见表 11.4。

最优方案碳减排量组成图   表 11.4

方案序号	基于碳交易额方案投资总额(万元)	排名
1	3402.18	4
2	3065.89	3
3	2948.93	1
4	2981.92	2

由表 11.4 可知,方案 3 为最佳布设方案,依照此方案,提出新建市政道路低碳建设策略,并对该方案的碳减排效益进行分析。

11.5.2   新建市政道路碳减排策略

新建道路的海绵化建设最优布设方案为径流总量控制率最低的方案,体现了较好的碳减排效益,所以在进行新建市政道路海绵化建设中,宜在满足年径流总量控制率最低要求的前提下确定 LID 设施面积,分散布设透水铺装,从源头削减雨水,作为低碳建设路径。

11.6   碳减排分析

新建市政道路海绵化建设相对于传统建设的碳减排效果核算结果如表 11.5 所示,各个设施碳减排效果贡献占比如图 11.8 所示。

新建市政道路最优方案碳减排量表   表 11.5

碳减排活动	绿地固碳	雨水净化	雨水利用	径流峰值削减
碳减排量 ($\times 10^4 kgCO_2$)	6.78	4.42	2.35	15.41

由表 11.5、图 11.8 可知,新建市政道路的海绵化建设碳减排效果由绿地固碳、雨水净化、雨水利用和径流峰值削减四部分组成。碳减排效果最佳的为径流峰值削减,碳减排效应量为 $15.41 \times 10^4 kgCO_2$。径流峰值碳减排效应为在海绵城市建设前后,雨水管道管径减小的碳排放量的差值。市政道路在进行海绵化建设后,可以有效延长雨水径流时间,削减径流峰值的流量。由于雨水管道主要由混凝土筑而成,混凝土的碳排放量相对较高,故径流峰值削减碳减排效果好。最优方案的绿地固碳量为 $6.78 \times 10^4 kgCO_2$,由于没有绿色屋顶,绿地固碳均来自于生物

滞留设施，带来了较好的碳减排效应，仅次于径流峰值削减。雨水净化碳减排效应为 $4.42 \times 10^4 kgCO_2$，仅占比 15.28%，人行道中的透水铺装和行道树绿带中的生物滞留设施能够截留、吸附雨水径流中的部分污染物，改善雨水径流水质，从而减少污染物在污水处理厂处理过程中产生的碳排放。雨水利用碳减排效应为 $2.25 \times 10^4 kgCO_2$，仅占比 8.10%，由于没有布设雨水桶（罐），雨水利用主要来自生物滞留设施蓄水层滞留的雨水，起到涵养植物的作用，减少了运维阶段的自来水浇洒量。由于研究区没有雨水强排泵站，故碳减排活动不包括径流削减。

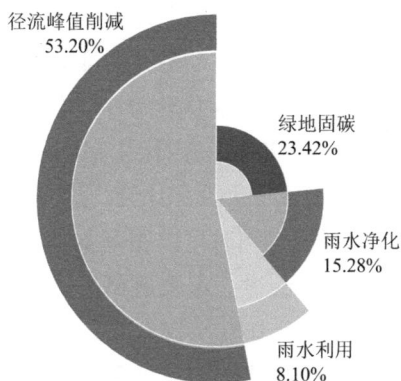

图 11.8 新建市政道路最优方案碳减排效果

11.7 低碳建设优化潜力分析

11.7.1 径流总量控制量碳排放强度和海绵城市低碳建设优化潜力分析

对最优解集中所有方案的径流总量控制率和碳排放强度进行分析，径流总量控制率由 88.5%开始增长，步长为 1%，将实验结果分为 6 组，每组为前开后闭区间。对数据制作箱线图进行分析，如图 11.9 所示。

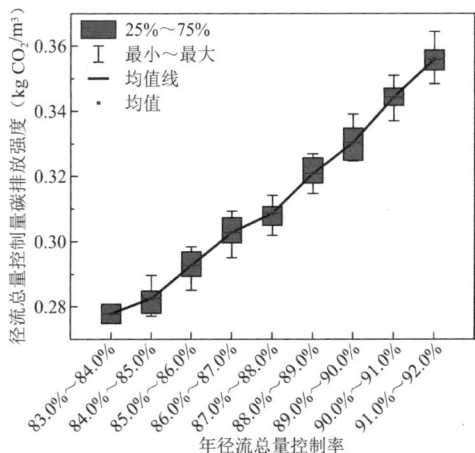

(a) 径流总量控制量碳排放强度

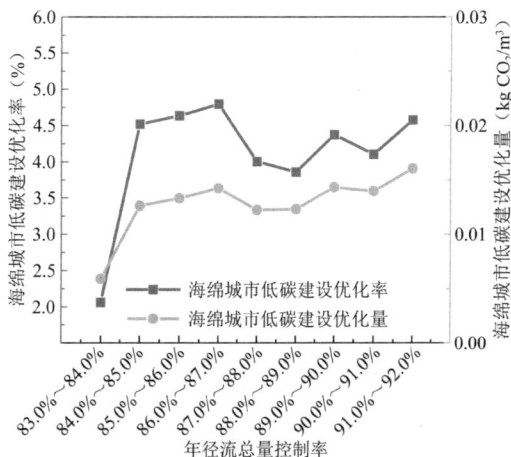

(b) 海绵城市低碳建设优化率

图 11.9 帕累托解集中年径流总量控制率与径流总量控制量碳排放强度和
海绵城市低碳建设优化率的关系

径流总量控制量碳排放强度反映了雨量控制能力和碳排放量的关系，针对道路尺度，可以有效地评价布设方案区间内，设施组合中起水量控制和减碳效果主导作用的LID设施的体量，碳排放强度越低，表明该方案在满足径流总量控制的条件下有着更少的碳排放。

如图11.9（a）所示，碳排放强度随着径流总量控制率的增大整体呈增加趋势。第一个年径流总量控制率区间为2个方案，其他区间为8～13个方案不等。数据量最多的为91.0%～92.0%，在径流总量控制率高的区间内，方案的不同布设方法有着不同的碳排放能力，在低碳排放量、低成本目标下有更多的方案供决策者取舍。

如图11.9（b）所示，海绵城市低碳建设优化率平均值为4.15%，除第一区间外，其他区间均在4.25%左右浮动，84.0%～87.0%区间内优化率高于87.0%～92.0%区间，优化量也有类似趋势，故与年径流总量控制率低的区间相比有着更好的优化潜力，在年径流总量控制率低，两个LID设施在对雨水径流控制时可以相互弥补，但在对雨水控制要求增大时，生物滞留设施相比于透水铺装的优势凸显。市政道路的优化潜力整体低于居住小区。不同区间内优化率均小于5%，优化量小于0.01kgCO$_2$/m³，这是由于不同设施优化空间有着一定差异，本次市政道路布设仅采用了生物滞留设施和透水铺装两种设施，相比于这两种，还有更多的设施，例如植草沟、渗渠、生态树池等，由于设施的构造、组成不同，其碳排放量、碳汇能力均有不同，仍需进一步研究。

11.7.2　帕累托解集分析

以LID设施年径流总量控制率为横轴，以碳排放强度为纵轴，得到帕累托解集在二维平面上的投影，如图11.10所示。

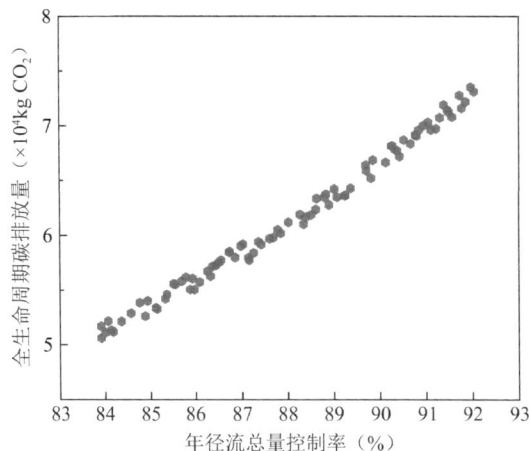

图11.10　帕累托解集中LID设施年径流总量控制率与全生命周期碳排放量关系图

由图11.10可知，随着年径流总量控制率的增加，全生命周期碳排放量呈逐渐增大的趋势，二者变化成正比。与居住小区不同的是，市政道路多目标优化解集相较于居住小区多目标优化解集，整体呈直线增长。新建市政道路地块可布设LID设施仅有两类，故在优化分布时可选择的数量较少。机动车道内的雨水直接汇流至生物滞留设施中，由于当地土壤类别为湿陷性黄土，透水铺装采用的滞蓄层厚度有限，可忽略不计，基本相当于透水结构、转输型 LID 设施，雨水汇入生物滞留设施内滞蓄净化，故生物滞留设施随着年径流总量控制率的提高逐步增大，碳排放量逐渐增大。控制率提高，LID 设施面积增大，建设阶段、运维阶段和拆除阶段的碳排放量均增大。

以 LID 设施年径流总量控制率为横轴，以全生命周期成本为纵轴，得到帕累托解集在二维平面上的投影，如图 11.11 所示。

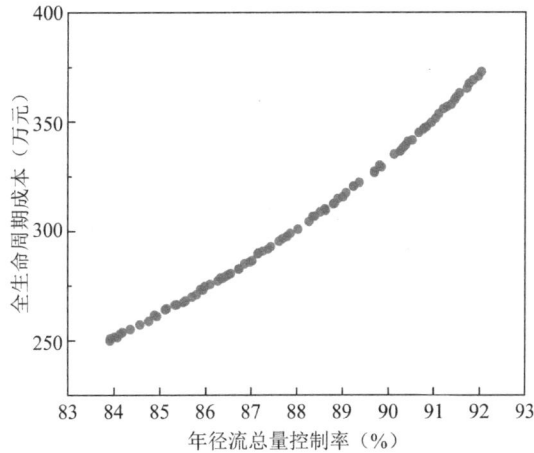

图 11.11　帕累托解集中 LID 设施年径流总量控制率与全生命周期成本关系图

如图 11.11 所示，年径流总量控制率的提升导致了全生命周期成本增加。由 249.98 万元增加至 372.90 万元，增幅达 50%。由于年径流总量控制率提升，所要布设的 LID 设施面积相应增大，故成本提高。由于图中没有出现拐点，表明两类设施均没有达到布设面积上限，成本增加幅度平稳。

以 LID 设施全生命周期碳排放量为横轴，以全生命周期成本为纵轴，得到帕累托解集在二维平面上的投影，如图 11.12 所示。

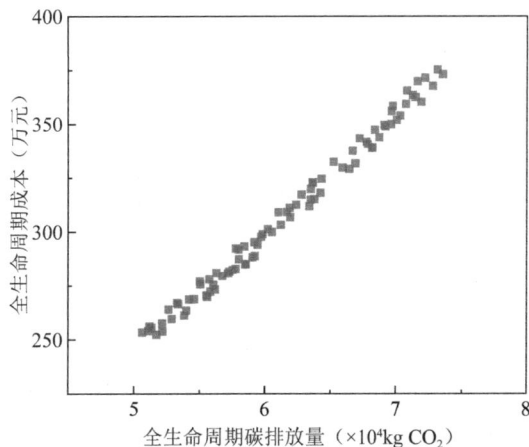

图 11.12　帕累托解集中 LID 设施全生命周期碳排放量与全生命周期成本关系图

如图 11.12 所示，全生命周期碳排放量和成本投入整体呈单调递增的趋势，与径流总量控制率对应的全生命周期碳排放量变化趋势一致。结果可以找到不同碳排放量对应的成本投资方案。每提升 $1 \times 10^4 kgCO_2$，成本投资约提高 53 万元，约相当于增加 $500m^2$ 的透水铺装和 $160m^2$ 的生物滞留设施。

11.7.3 新建市政道路相较传统建设碳减排效益

新建市政道路传统建设对应海绵城市建设主要设施包括：传统普通混凝土道路和普通绿地的建设，依照 3.1.6.1 节的假定，仅计算传统普通混凝土建设全生命周期碳排放量，计算边界同前。

根据道路建设资料以及道路工程专业相关碳排放量核算方法，建设方案 3 透水铺装相同面积的传统混凝土道路的全生命周期碳排放量为：$40.12 \times 10^4 kgCO_2$。与方案 3 的全生命周期碳排放量相比，碳减排效益为 $35.06 \times 10^4 kgCO_2$，单位面积碳减排效益为 $2401kgCO_2/km^2$。表明新建市政道路进行海绵城市建设可以有效地降低碳排放量，具有较好的碳减排效益。

第 12 章

基于多目标优化的改建市政道路 海绵化低碳建设

12.1 雨水径流模型构建

12.1.1 研究区概况

中心大道为天水市麦积区马跑泉公园片区海绵化改造项目改建市政道路之一,规划为主干路,起点接泉湖路,整体自西向东布置线位,沿线与渭滨经一路 T 形交叉,终点接颖川河西路交叉口。道路全长约 660m,路幅宽度约为 40m,双向四车道,研究区如图 12.1 所示。

现状中心大道(泉湖路—颖川河西路)机动车道为水泥路面,双幅双向四车道,现状断面形式为 3m(人行道)+ 12m(车行道)+ 10m(中分带)+ 12m(车行道)+ 3m(人行道),道路两侧为新开发商业、住宅用地和公园绿地。中心大道现状车行道为沥青路面,整体状况良好;人行道状况较差,存在局部沉陷、人行道砖破裂等病害。根据场地钻探结果及土常规实验结果,道路沿线场地不存在湿陷性土层,设计过程可不考虑场地湿陷性。

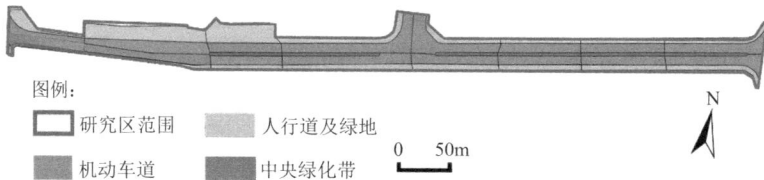

图 12.1 改建道路研究区示意图

12.1.2 雨水径流模型构建

雨水径流由机动车道分别流向中央绿化带和两侧生物滞留设施,人行道雨水经过普通绿地流至生物滞留设施,生物滞留设施处理后经底部盲管和溢流管流至市政雨水管网。根据研究区地形、土地利用情况和设计图纸,构建雨水径流模型,将下节点、管道和集水区等导入 SWMM(5.2)城市雨洪模型。概化为 16 个集水区,27 个节点,27 根管道,1 个排水口,如图 12.2 所示。

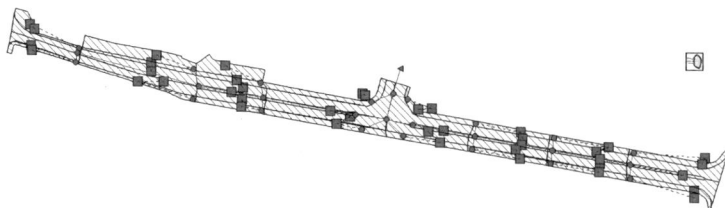

图 12.2 研究区模型概化图

12.1.3 模型参数设置与率定验证

改建道路模型参数选择同 7.2 节。采用综合径流系数法对模型进行率定，根据《室外排水设计标准》GB 50014—2021、《建筑给水排水与节水通用规范》GB 55020—2021 和《建筑与市政工程防水通用规范》GB 55030—2022 等国家标准，结合实际场地下垫面位置、土质的特点，屋面径流系数取 0.95，路面取 0.9，绿地取 0.1，通过面积加权计算得到场地的综合径流系数为 0.82。建立场地模型后，进行 3 年重现期常规降雨情景（降雨量 26.58mm）模拟验证，最后得到场地的径流系数为 0.82，验证了本研究设定的模型参数的合理性。

12.2 多目标优化

在 PyCharm Community Edition（2022.3.2）中编写 NSGA-Ⅱ算法程序，将 SWMM(5.2) 构建的改建市政道路文件与算法程序耦合，经过优化计算后得出帕累托最优解集，可供决策者选择。NSGA-Ⅱ算法中的参数选取见表 12.1。

NSGA-Ⅱ算法参数选取表　　　　　　　　　　　　　　　　　　　表 12.1

参数	种群个数	遗传代数	交叉概率	变异概率
取值	100	500	0.3	0.3

模拟-多目标优化模型的结果给出了最优的海绵城市建设 LID 设施组合，使径流总量控制率、全生命周期碳排放量和成本均为最优效果。最优解集对应的目标函数值及每个组合的方案分布描述了帕累托最优前沿如图 12.3 所示。

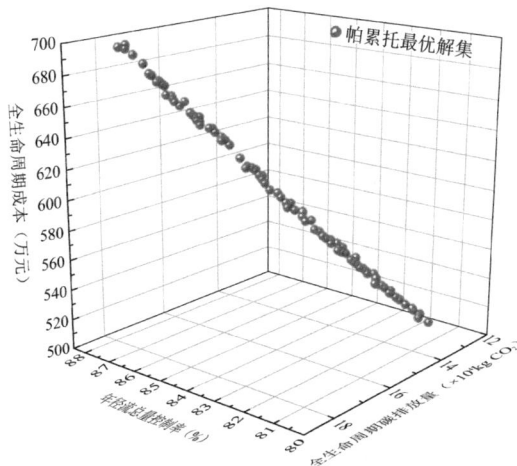

图 12.3　改建道路多目标优化帕累托最优解集

由图 12.3 可知得到的解集年径流总量控制率分布于 81%～88% 之间，满足《天水市中心城区海绵城市建设专项规划》要求，全生命周期碳排放量由最少的 $13.2619 \times 10^4 kgCO_2$ 增加至 $17.7986 \times 10^4 kgCO_2$，增幅为 34%。全生命周期成本由 513.0761 万元增加至 696.2776 万元。最优解布设方案中透水铺装布设面积为 5551.50~7639.06m³，生物滞留设施占比为 55%~76%。

12.3 最优解集的选择

本节将帕累托最优解集中的点提取出来，分别基于不同设施导向和不同目标导向设置权重系数，权重组合及对应的权重见表 4.3。

采用赋权 TOPSIS 的方法，对帕累托解集中每个点进行综合评价，对得分进行排序，排序为 1 的方案作为该权重体系下的多目标最优方案。赋权结果及方案见表 12.2。

布设方案对应 LID 设施体量表 　　　　　　　　　　表 12.2

序号	方案编号	透水铺装面积（m²）	生物滞留设施面积（m²）
1	49	5926.16	1157.95
2	77	6027.81	1248.43
3	87	5597.12	1133.25
4	33	5689.73	1157.95

12.4 最优解集结果分析

12.4.1 各方案 LID 设施布设情况分析

对方案中各类 LID 设施在总体中的比例进行分析，如图 12.4 所示。

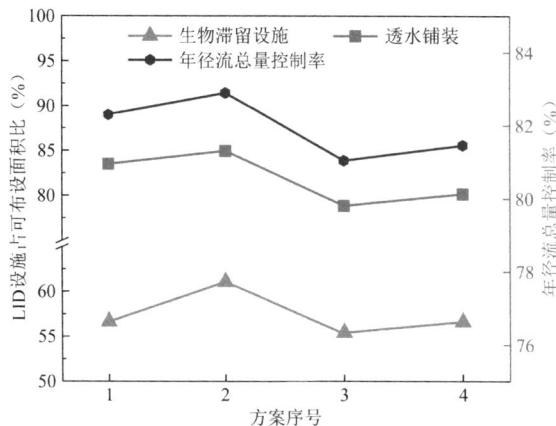

图 12.4 评价方案 LID 设施占比

由图 12.4 可知，生物滞留设施占比为 55%~61%，透水铺装的占比为 79%~85%，年径流总量控制率均大于《专规》中改建道路区域 80% 的要求。透水铺装布设率＞生物滞留设施布设率。人行道的雨水尽快被透水铺装滞蓄，生物滞留设施主要控制来自机动车道的雨水，防止雨水外溢，加大人行道的雨水处理量。与新建市政道路相比，4 个方案透水铺装占比总体下降,生物滞留设施占比提高,以赋权体系 3 为例,生物滞留设施比例提高 13%,透水铺装面积下降 4%。由于改建市政道路生物滞留设施只能布设在双向四车道的周围,研究区西起 10m 为双向两车道,不满足生物滞留设施的布设要求,所以径流汇集并集中流入最近的生物滞留设施内,加大了单位面积的雨水控制量。新建道路为双向四车道,设施布设不受影响。故布设位置对 LID 设施的影响较大[97]。

12.4.2 全生命周期各阶段碳排放量分析

由图 12.5 可知,方案 2 碳排放量最高,方案 3 碳排放量最低,全生命周期碳排放量分别为方案 1:$14.05 \times 10^4 kgCO_2$,方案 2:$14.88 \times 10^4 kgCO_2$,方案 3:$38.05 \times 10^4 kgCO_2$ 和方案 4:$31.32 \times 10^4 kgCO_2$。各阶段碳排放量由大到小为建设阶段、拆除阶段和运维阶段,变化规律同新建道路。由于研究区人行道布设面积比新建道路大,相应地,透水铺装总量也在增加,各个阶段碳排放量增加明显。改建道路中,由于场地面积较大,并且部分路段没有中央绿化带,故对雨水的存储能力要求提高,主要依靠生物滞留设施,生物滞留设施的面积增大,同时带来了较大的碳汇量。方案 1~方案 4 全生命周期的碳汇量为:$-12.20 \times 10^4 kgCO_2$,$-11.54 \times 10^4 kgCO_2$,$-12.37 \times 10^4 kgCO_2$ 和 $-10.43 \times 10^4 kgCO_2$。由于 LID 设施组合方案中的生物滞留设施有植物固碳效益,在运维阶段可以抵消 LID 设施运行阶段的直接碳排放和维护阶段的间接碳排放,运维阶段年平均碳排放为 $-1590.36 \sim -1795.43 kgCO_2$,带来碳汇效益[75]。

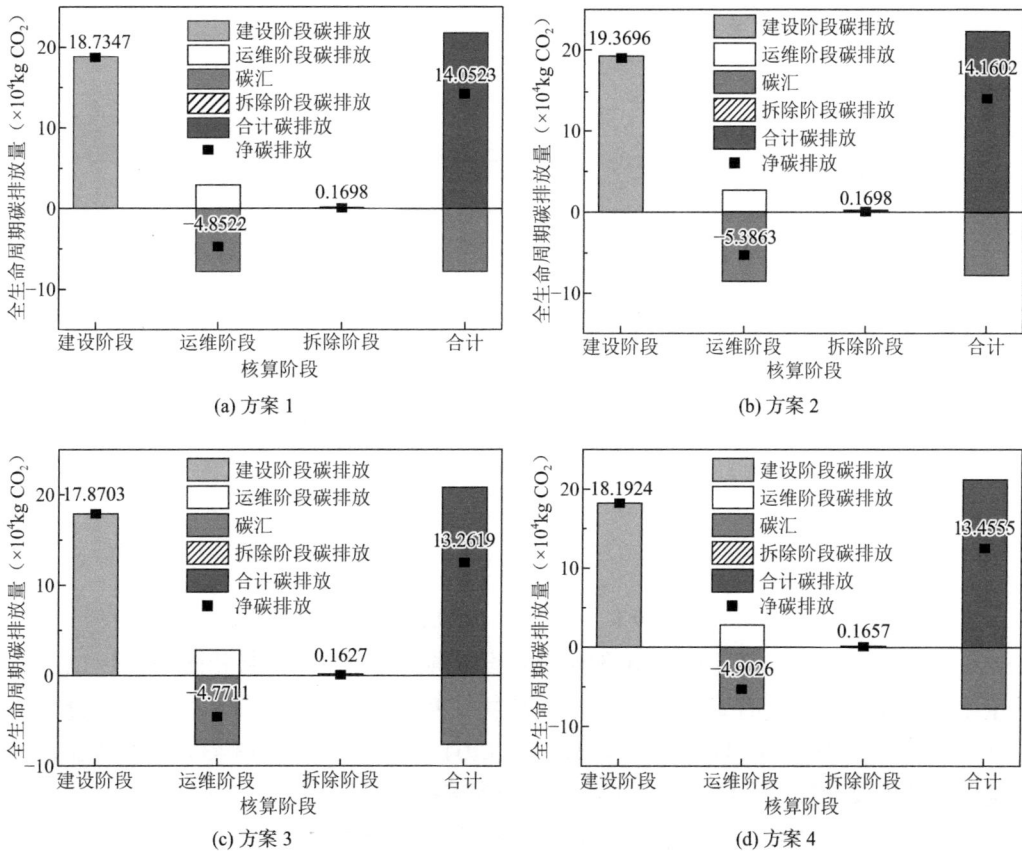

图 12.5 全生命周期各阶段碳排放量

12.4.3 设施组成碳排放量分析

将赋权结果得到的 LID 设施组合按照不同设施进行分析，由于去除污染物的直接碳排放是通过加权污染物削减率求得的，故将直接碳排放单独在合计中标出，结果如图 12.6 所示。

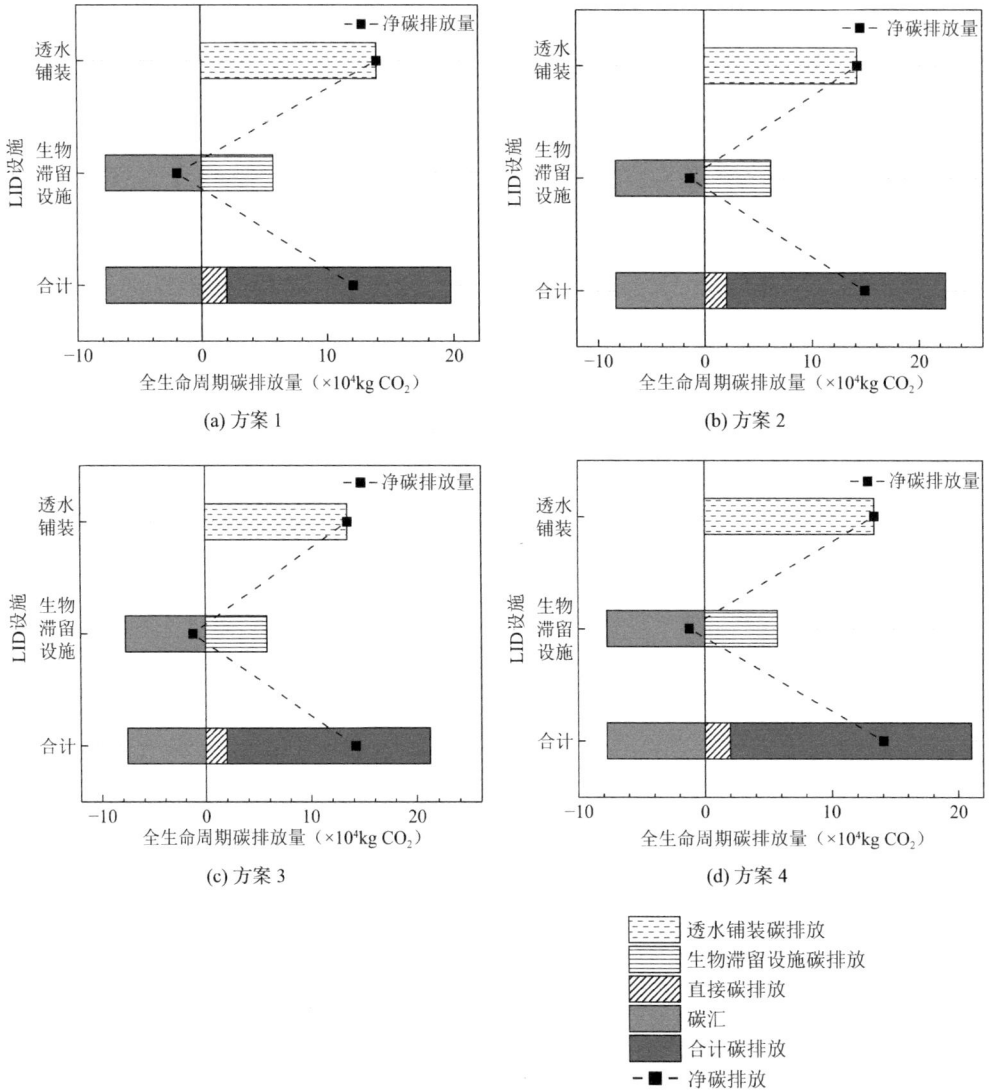

(a) 方案 1

(b) 方案 2

(c) 方案 3

(d) 方案 4

图 12.6　评价方案全生命周期碳排放量各 LID 设施组成

由图 12.6 可知，与新建市政道路各 LID 设施碳排放量分布趋势相同，两种 LID 设施的全生命周期碳排放量有着较大的差异，其中，四种方案的透水铺装的碳排放量分别为 $13.9976 \times 10^4 kgCO_2$，$14.2377 \times 10^4 kgCO_2$，$13.2204 \times 10^4 kgCO_2$ 和 $13.4391 \times 10^4 kgCO_2$。透水铺装的碳排放量最大，且没有碳汇产生，均为碳排放。生物滞留设施的全生命周期碳排放量为负值，生物滞留设施的绿色固碳可以全部抵消生物滞留设施其他阶段的碳排放量，降低了方案的净碳排放。

12.4.4 方案成本分析

由图 12.7 可知，四种布设方案全生命周期成本区间为 513.08 万～555.08 万元，涵盖最优解集的 23%，达到了赋权选择最低成本的预期目标。设施成本占比和新建市政道路结果相似，四种布设方案的投资中，成本最高的设施为透水铺装。但是由于研究区面积相较新建道路增大，故采用单位面积成本进行比较。四种布设方案单位面积成本为 761～763 元/m²，高于新建市政道路。一方面由于在改建区域施工时，单位面积成本高于新建地块，另一方面，由于研究区原有用地类型的分布，可布设生物滞留设施的地块面积小，占研究区总面积 9%，与新建的相比减少 8%，为满足径流总量控制率，在现有条件下，只能增大透水铺装的面积，方案 1 中，透水铺装和生物滞留设施的比例为 5：1，所以导致改建道路单位成本高于新建道路。故在改建道路进行海绵城市设计时，更应该注重对成本的把控。

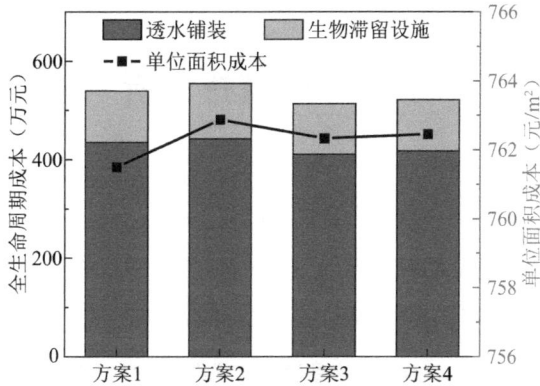

图 12.7 全生命周期成本组成及单位面积成本图

12.5 基于碳交易额的最优低碳方案选择

12.5.1 最优方案的选择

参考国内碳交易价格，将碳排放量按照碳排放配额价格折算并与成本相加，总额最低的方案为改建市政道路布设最优方案，核算结果见表 12.3。

碳排放交易额核算表　　　　表 12.3

方案序号	基于碳交易额方案投资总额（万元）	排名
1	8029.35	3
2	8102.45	4
3	7581.66	1

方案序号	基于碳交易额方案投资总额（万元）	排名
4	7693.88	2

由表 12.3 可知，方案 3 为最佳布设方案，依照此方案，提出改建市政道路低碳建设策略，并对该方案的碳减排效益进行分析。

12.5.2 改建市政道路低碳建设策略

改建市政道路在进行海绵化设计建设中，受到地块原有设施的影响，无法大规模布设 LID 设施，且海绵化改造会增加原有道路的碳排放量，所以，改建道路宜在满足年径流总量控制率最低要求前提下，与传统的雨水管理实践相结合，按照地块改建区域确定各 LID 设施的布设体量，分散布设透水铺装，从源头削减雨水，在满足条件的前提下增设生物滞留设施作为低碳建设路径。

12.6　碳减排分析

12.6.1 碳减排效果

改建市政道路海绵化建设相对于传统建设的碳减排效果核算结果如表 12.4 所示，各个设施碳减排效果贡献占比如图 12.8 所示。

改建道路最优方案碳减排量表　　　　　　　　表 12.4

碳减排活动	绿地固碳	雨水净化	雨水利用	径流峰值削减
碳减排量（$\times 10^4$ kgCO$_2$）	7.58	6.38	3.80	24.95

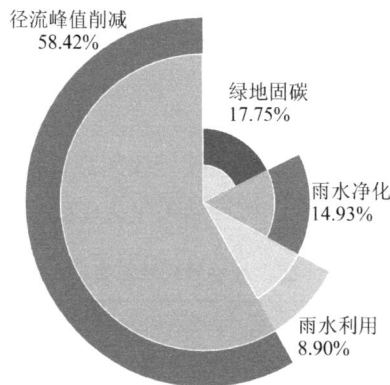

图 12.8　改建市政道路最优方案碳减排效果

由表 12.4、图 12.8 可知，方案 3 的绿地固碳量为 7.58×10^4 kgCO$_2$，与新建道路相同，绿地固碳均来自生物滞留设施。相较于新建市政道路，改建市政道路绿地固碳量大于新建市政道路,在碳减排效应贡献中排名第二。方案 4 的雨水利用碳减排量为 $10.39 \times 10^4 kgCO_2$,占碳减排量的 10.30%。与新建市政道路相同,径流峰值削减碳减排效果在各个活动中最佳,为 $24.95 \times 10^4 kgCO_2$。雨水净化碳减排量为 $6.38 \times 10^4 kgCO_2$,占比 14.93%。雨水利用碳减排效应量为 $3.80 \times 10^4 kgCO_2$,占比最低。相较于新建市政道路,雨水利用和雨水净化碳减排效果量均减小,这是由于在对 LID 设施布设过程中,改建项目受原有建筑物的阻碍,径流总量控制率降低,可以控制的雨水径流量减少,故而碳减排效应降低。由于研究区没有雨水强排泵站,故碳减排活动不包括径流削减。

12.6.2 改建市政道路相比传统建设碳减排效益

老旧市政道路在进行海绵化改造前,与 LID 设施建设对应的关系主要包括:传统普通混凝土道路和普通绿地。传统设施边界和计算原则参照第 7 章。

根据本道路建设资料以及道路工程专业相关碳排放量核算方法,方案 3 传统建设总碳排放量为 $-41926 kgCO_2$。与方案 3 的全生命周期碳排放量相比,海绵城市建设的碳减排效益为 $-17.46 \times 10^4 kgCO_2$,为负效益,单位面积改建市政道路碳减排效益为 $-740 kgCO_2/km^2$。老旧市政道路海绵化建设会增加碳排放量。虽然在兴建海绵城市的过程中增加了一部分碳排放量,但是带来的雨量控制效益、雨水回用效益、节能减排效益、环境改善效益等,对城市的可持续发展和居民的生活质量都有积极的影响。

12.7 低碳建设优化潜力分析

12.7.1 径流总量控制量碳排放强度和海绵城市低碳建设优化潜力分析

对最优解集中所有方案的径流总量控制量碳排放强度进行分析,其径流总量控制率由 81.0% 开始增长,步长为 1%,每组为前开后闭区间。将数据制作箱线图进行分析,如图 12.9 所示。

如图 12.9(a)所示,与新建道路不同,径流总量控制率区间由 9 个减为了 7 个。碳排放强度最大值为 $0.5700 kgCO_2/m^3$。最小值为 $0.4604 kgCO_2/m^3$,表明在该方案下,改建道路中,全生命周期内每控制 1 m^3 的水量,会有 $0.4604 kgCO_2$ 的碳排放量产生。不同径流总量控制率区间下,方案数最多的为 82%～83%,有 18 个方案。方案数最少的为 84.0%～85.0%,有 11 个方案。改建道路碳排放强度增速平稳,是因为选择的两个 LID 设施的布设面积均没有达到布设上限,两 LID 设施面积同步增长,有着较好的协同效应。

如图 12.9(b)所示,整体来看,改建道路的海绵化建设优化潜力平均值低于 4%,优化量相较于新建市政道路提升,和新建道路不同,由于改建道路透水铺装可布设面积增大,而且在改建道路西段,布设透水铺装的面积要远大于生物滞留设施,当透水铺装面积逐渐较大时,可以作为生物滞留设施的雨水控制能力的代替,优化潜力随着雨水控制能力的提升逐渐增加。

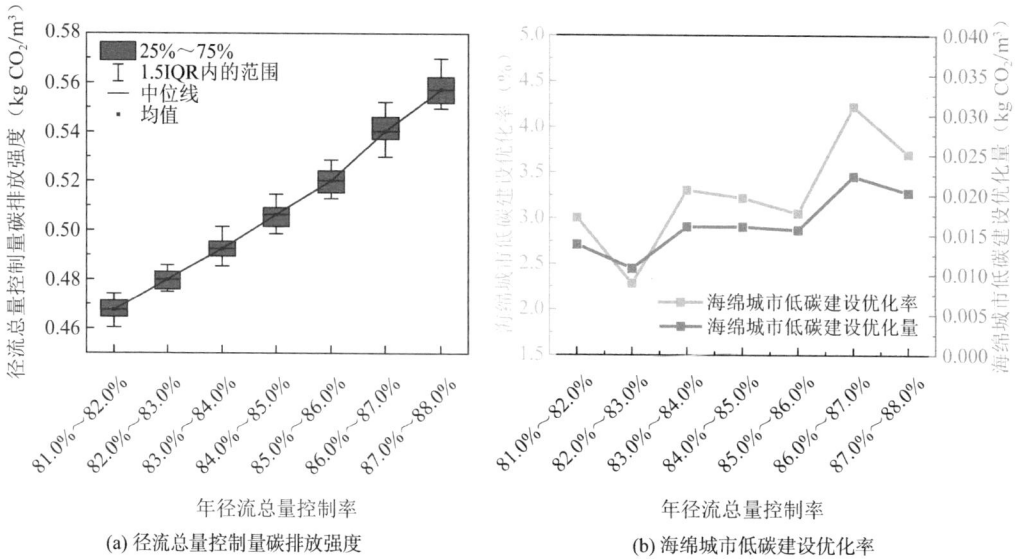

(a) 径流总量控制量碳排放强度

(b) 海绵城市低碳建设优化率

图 12.9　帕累托解集中年径流总量控制率与径流总量控制量碳排放强度
海绵城市低碳建设优化率的关系

12.7.2　帕累托解集分析

由图 12.10 可知，随着年径流总量控制率的增大，全生命周期碳排放量呈逐渐增大的趋势，二者变化成正比。与小区多目标优化解集不同的是，道路多目标优化解集结果更加收敛，整体呈直线增长，这是由于控制率提高，LID 设施面积增大，建设阶段、运维阶段和拆除阶段的碳排放量均增大，道路地块可布设 LID 设施仅有两个，故在优化分布时可选择的数量较少，且机动车道内的雨水直接汇流至生物滞留设施中，透水铺装没有滞蓄层，同时渗透系数较小，为转输型 LID 设施，雨水汇入生物滞留设施内滞蓄净化，故生物滞留设施随着年径流总量控制率的提高，碳排放量逐渐增大。由结果可知，前期随着年径流总量控制率的增加，排放量增加趋势平稳，但由于改建道路 LID 设施可布设面积有限，仅占总面积的 9%，进而控制水量也有限制，故道路整体地块径流总量控制率低于 90%。

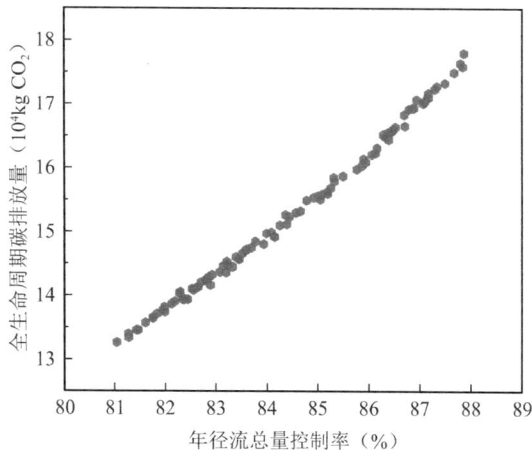

图 12.10　帕累托解集中 LID 设施年径流总量控制率与全生命周期碳排放量关系图

以 LID 设施年径流总量控制率为横轴,以全生命周期成本为纵轴,得到帕累托解集在二维平面上的投影,如图 12.11 所示。

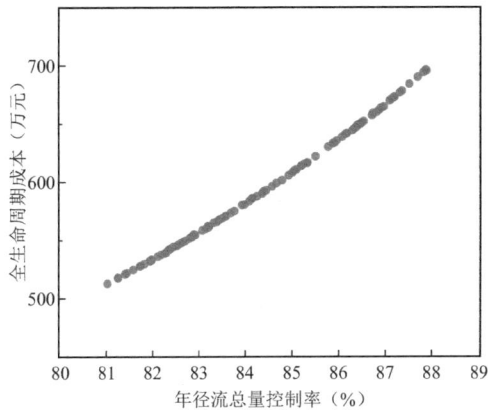

图 12.11 帕累托解集中 LID 设施年径流总量控制率与全生命周期成本关系图

如图 12.11 所示,随着年径流总量控制率的提升,全生命周期成本变化趋势相同,更多的雨水控制量会导致成本增加,前期增幅小于后期增幅,由 513.08 万元增加至 696.28 万元。由于年径流总量控制率改变,研究区域内所要布设的 LID 设施面积相应增大,导致成本提高。这与现有研究结果[70]中,随着成本的增加,单位径流控制效益减少较为相似。

以 LID 设施全生命周期碳排放量为横轴,以全生命周期成本为纵轴,得到帕累托解集在二维平面上的投影,如图 12.12 所示。

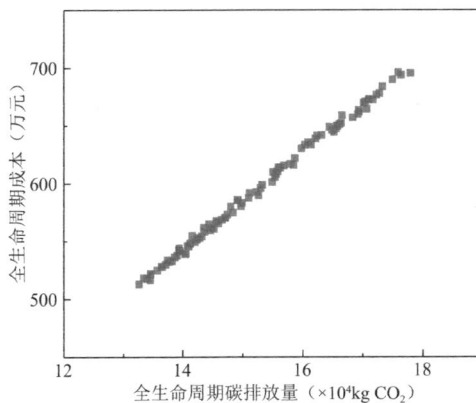

图 12.12 帕累托解集中 LID 设施全生命周期碳排放量与全生命周期成本关系图

如图 12.12 所示,全生命周期碳排放量和成本投入呈线性关系,随着碳排放量的增大,全生命周期成本投入量增大。在全生命周期碳排放量低于 $15.62kgCO_2$ 时,成本投资点分布较密集,有 63 种方案,占总方案的 63%。随着碳排放量的增加,布设方案数量逐渐减少,在碳排放量增加过程中,由于场地现状的限制,LID 设施的可选择性降低,生物滞留设施面积增大到一定范围时,透水铺装的继续增加导致全生命周期碳排放量的增大,然而透水铺装没有碳汇产生,同时成本和碳排放量增加,在相似的径流总量控制率下,该方案不会被认定为最优方案,故而舍弃,导致了碳排放量增加时方案数量少于前期碳排放量较少的阶段。

天水市概况

1. 城市基本情况

天水市位于甘肃省东南部，地处陕、甘、川三省交界处，东邻陕西省宝鸡市，西通定西，南接陇南，北倚平凉。介于东经 104°35′～160°44′，北纬 34°05′～35°10′之间，东西长197km，南北宽122km，总面积约 14359km²[98]。

天水市下辖秦州区、麦积区两个市辖区，秦安县、甘谷县、武山县、清水县和张家川回族自治县 5 个县，现状共有 101 个镇，12 个乡，10 个街道办事处。根据全国第七次人口普查数据，天水市秦州区和麦积区常住人口约 121 万人。

天水市秦州—麦积城区主要沿藉河河谷两岸东西向发展。秦州—麦积城区建设用地66.3km²。天水市秦州—麦积城区建设用地结构呈现出生活性功能强于生产性和服务性功能的特征。从内部土地利用结构分析，居住用地占比 52.3%、公服用地 8.2%、工业用地 16.0%、道路交通用地 9.9%、绿地 5.7%。

2. 海绵城市建设情况

天水市海绵城市规划和建设立足"两大流域过渡区，平原高原过渡区"的城市特点，围绕生态文明建设发展理念，深入贯彻落实习近平总书记关于海绵城市建设的重要指示批示精神，将海绵城市建设理念贯穿城市规划、建设与管理的全过程。

以系统化全域推进海绵城市建设为统领，统筹实施天水市防洪排涝设施、地下空间、城市更新等建设内容，通过生态、安全、活力的海绵化建设塑造天水城市新形象，实现"水生态良好，水安全保障，水环境改善，水景观优美，水文化丰富"的愿景，促进经济健康发展的同时，打造承载力更高、宜居性更强、包容度更广的具有西北山城特色的示范城市。2015 年以来，天水市以海绵城市建设为目标，统筹实施了城市防洪排涝设施建设、老旧小区改造、沟道河道水系综合整治等一系列综合建设项目，城市建成区 20%达到海绵城市建设的目标要求，为系统化、全域推进海绵城市建设打下了良好的基础。天水市预计在试点期末实现建成区 55%以上区域海绵化，将天水市打造成为具有西北山水城市特色的海绵示范城市，为黄河流域生态保护和高质量发展做出积极贡献。

3. 气候条件

天水市地处副热带北缘和青藏高原东部边坡地带，地形复杂，沟壑纵横，气候多变。由于深居内陆远离海洋，大陆性季风气候特征明显。按照气候区划，天水市属温带半湿润半干旱区。海拔平均 1100m，年平均气温 7.7～10.9℃，年平均相对湿度 66%～70%。天水市四季分明，气候宜人，日照充足，降水适中。冬无严寒，夏无酷暑，素有西北"小江南"之美誉。天水市年平均降雨量为 501.9mm，

3.1 暴雨强度公式

天水市的暴雨强度公式如下：

$$q = \frac{712.900(1 + 1.90 \times \lg p)}{(t + 8.711)^{0.742}} \quad (p < 20a) \tag{1}$$

$$q = \frac{1336.703(1 + 1.96 \times \lg p)}{(t + 12.940)^{0.840}} \quad (p \geqslant 20a) \tag{2}$$

式中：q——暴雨强度 $[\text{L/(s·ha)}]$；

p——设计暴雨重现期（a）；

t——降雨历时（min）。

利用芝加哥雨型生成软件，雨峰系数取 0.398，根据式(1)生成降雨历时 120 min，重现期为 0.5a、1a、2a、3a、5a、10a 的短历时降雨曲线；根据式(2)生成降雨历时为 1440min 重现期为 20a、30a、50a 的长历时降雨曲线。如图 1 所示。将降雨过程曲线导入 SWMM 软件，进行研究区径流模拟。

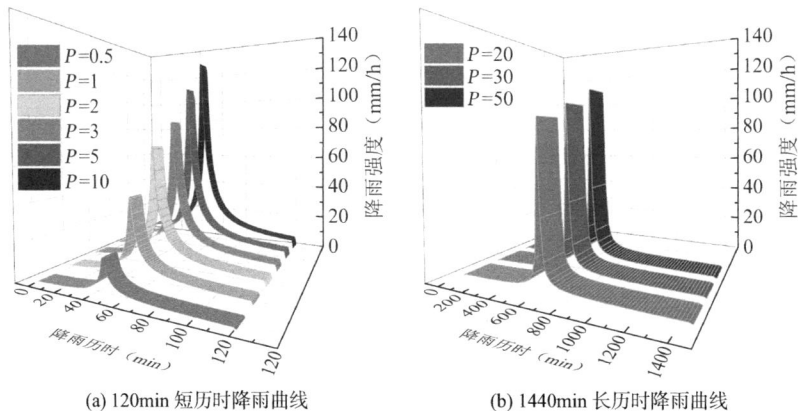

(a) 120min 短历时降雨曲线   (b) 1440min 长历时降雨曲线

图 1 天水市降雨曲线

3.2 年径流总量控制率对应降雨量

依照《海绵城市建设技术指南——低影响开发雨水系统构建（试行）》要求，收集了天水市近 30 年降雨数据，进行核算后，得出年径流总量控制率对应的降雨量，见表 1。根据

此数据使用 1stOpt（1.5）软件编程进行拟合，得到年径流总量控制率与对应降雨量的公式，见式(3)，拟合图见图 2。

天水市年径流总量控制率对应降雨量一览表　　　　　表 1

序号	年径流总量控制率（%）	降雨量（mm）	序号	年径流总量控制率（%）	降雨量（mm）
1	20	1.91	10	65	9.14
2	25	2.40	11	70	10.70
3	30	2.95	12	75	12.70
4	35	3.55	13	80	15.30
5	40	4.22	14	85	18.80
6	45	4.97	15	90	23.90
7	50	5.82	16	95	32.62
8	55	6.77	17	100	84.10
9	60	7.85	—	—	—

$$y = \frac{17.10x - 3.01x^2 + 0.24x^3 - 5.68}{1 - 0.05x - 0.01x^2 + 2.00 \times 10^{-3}x^3 + 3.03 \times 10^{-6}x^4} \tag{3}$$

式中：x——降雨量（mm）；

y——年径流总量控制率（%）。

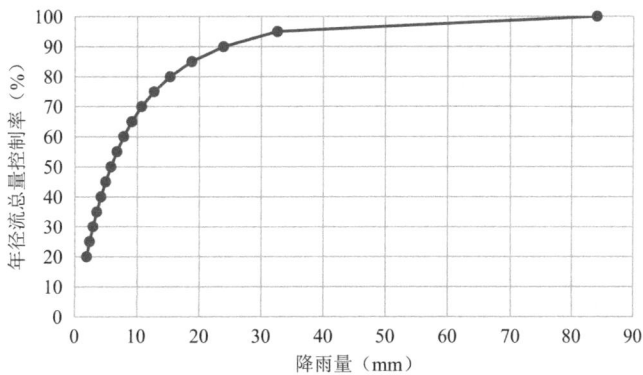

图 2　降雨量和年径流总量控制率的关系

参 考 文 献

[1] JUDD E J, TIERNEY J E, LUNT D J, et al. A 485-million-year history of Earth's surface temperature[J]. Science, 2024, 385(6715): 3705-3713.

[2] KIM K, KIM D, NA Y, et al. A review of carbon mineralization mechanism during geological CO_2 storage[J]. Heliyon, 2023, 9(12): 23135-23155.

[3] IPCC. Climate change 2021: The physical science basis[Z]. 2023.

[4] UNEP. Emissions Gap Report 2024[Z]. 2024.

[5] FILONCHYK M, PETERSON M P, ZHANG L, et al. Greenhouse gases emissions and global climate change: Examining the influence of CO_2, CH_4, and N_2O[J]. Science of the Total Environment, 2024, 935: 173359-173366.

[6] 蒋旭东, 王丹, 杨庆编. 碳排放核算方法学[M]. 北京:中国社会科学出版社, 2021.

[7] 朱雨, 邵薇薇, 杨志勇. 海绵设施全生命周期碳减排效应评估——以迁安安顺家园为例[J]. 水资源保护, 2023: 1-10.

[8] LIN X, REN J, XU J, et al. Prediction of Life Cycle Carbon Emissions of Sponge City Projects: A Case Study in Shanghai, China[J]. Sustainability, 2018, 10(11): 3978-3994.

[9] 中国城镇供水排水协会. 城镇水务系统碳核算与减排路径技术指南[M]. 北京: 中国建筑工业出版社, 2022.

[10] 贾玲玉. 海绵城市建设的低影响开发技术配置优化与碳减排研究[D]. 天津: 天津大学, 2017.

[11] WANG D, LIU X, LI H, et al. The Carbon Emission Intensity of Rainwater Bioretention Facilities[J]. Water, 2024, 16(1): 183-205.

[12] 曹申, 董聪. 绿色建筑全生命周期成本效益评价[J]. 清华大学学报 (自然科学版) , 2012, 52(6): 843-847.

[13] 李武胖. 基于水文成本效益的山顶型城市公园低影响开发系统设计方法研究[D]. 重庆: 西南大学, 2022.

[14] ECKART K, MCPHEE Z, BOLISETTI T. Multiobjective optimization of low impact development stormwater controls[J]. Journal of Hydrology, 2018, 562: 564-576.

[15] 赵泽佳, 邵转娣, 韦甜甜, 等. 海绵城市主要低影响开发措施碳排放核算方法构建与碳减排路径分析[J]. 广东土木与建筑, 2024, 31(2): 1-6+37.

[16] LIU J, CHEN Z, WU L, et al. Study on Carbon Reduction Capacity of Sponge City Facilities[C]. ICCREM 2022. 2022.

[17] 马洁. 海绵城市建设典型措施的碳源解析和碳排放研究[D]. 太原: 山西农业大学, 2018.

[18] ZHAO Z, LIU C, XIE H, et al. Carbon Accounting and Carbon Emission Reduction Potential Analysis of Sponge Cities Based on Life Cycle Assessment[J]. Water, 2023, 15(20): 3565-3580.

[19] 芦琳. 两种典型城市雨水 LID 技术生命周期评价研究[D]. 北京: 北京建筑大学, 2013.

[20] 张佳荣, 杨成建, 韩芸, 等. 添加生物炭对绿色屋顶功能影响的研究进展[J]. 低碳世界, 2021, 11(6): 5-8+11.

[21] 李志辉, 李星, 杨艳玲, 等. 透水铺装去除污染效能及清洗特性研究[J]. 给水排水, 2018, 54(9): 62-67.

[22] 夏先旭. 模拟城市雨水花园对雨水污染物的去除效果研究[D]. 广州: 仲恺农业工程学院, 2019.

[23] 李海燕, 韩佳越, 刘兆瀛, 等. 雨水生物滞留设施脱氮途径及效能研究进展[J]. 环境科学学报, 2023, 43(12): 76-92.

[24] 刘茵, 张龙, 张琪, 等. 绿地系统处理屋面雨水中污染物的性能研究[J]. 西安建筑科技大学学报 (自然科学版), 2021, 53(1): 132-137.

[25] 朱雨, 邵薇薇, 杨志勇. 海绵设施全生命周期碳排放核算方法研究[J]. 水资源保护, 2023, 39(6): 32-38.

[26] 郑涛. 居住社区海绵改造过程的碳排放核算研究[J]. 中国给水排水, 2021, 37(19): 112-119.

[27] 李晨璐, 郑涛, 彭开铭, 等. 基于全生命周期法的海绵城市雨水系统碳排放研究[J]. 环境与可持续发展, 2019, 44(1): 132-137.

[28] 李俊奇, 张希, 李惠民. 北京某片区海绵城市建设和运行中的碳排放核算研究[J]. 水资源保护, 2023, 39(4): 86-93.

[29] WANG Y, LI H, ABDELHADY A, et al. Initial evaluation methodology and case studies for life cycle impact of permeability of permeable pavements[J]. International Journal of Transportation Science and Technology, 2018, 7(3): 169-178.

[30] 胡方旭, 卢亚静, 周星, 等. 典型老城区海绵城市建设碳减排效益评估[J]. 中国给水排水, 2024, 40(3): 130-136.

[31] 李俊奇, 王泓洁, 李惠民. 基于内容分析法的城镇雨水系统碳排放核算研究进展[J]. 水资源保护, 2024, 40(1): 33-43.

[32] 党永锋. 基于全寿命周期评价的城市道路建养工程碳排放特征研究[D]. 西安: 长安大学, 2018.

[33] XU C, HONG J, JIA H, et al. Life cycle environmental and economic assessment of a LID-BMP treatment train system: A case study in China[J]. Journal of Cleaner Production, 2017, 149: 227-237.

[34] TU A, LI Y, MO M, et al. Hydrological effects of design parameters optimization of bioretention facility based on RECARGA model[J]. Journal of Soil and Water Conservation, 2020, 34(1): 149-153.

[35] PAN J, NI R, ZHENG L. Influence of In-situ Soil and Groundwater Level on Hydrological Effect of Bioretention[J]. Polish Journal of Environment Stuies, 2022, 31: 3745-3753.

[36] Haaland C, Konijnendijk D B C. Challenges and strategies for urban green-space planning in cities undergoing densification: A review[J]. Urban forestry urban greening, 2015, 14(4): 760-771.

[37] YANG Y, LI J, HUANG Q, et al. Performance assessment of sponge city infrastructure on stormwater outflows using isochrone and SWMM models[J]. Journal of Hydrology, 2021, 597: 126151-126162.

[38] HAN R, LI J, LI Y, et al. Comprehensive benefits of different application scales of sponge facilities in urban built areas of northwest China[J]. Ecohydrology & Hydrobiology, 2021, 21(3): 516-528.

[39] 上海市建设和交通委员会. 室外排水设计标准: GB 50014—2021[S]. 北京: 中国计划出版社, 2021.

[40] 住房和城乡建设部法规司. 海绵城市建设技术指南-低影响开发雨水系统构建[M]. 北京: 中国建筑工业出版社, 2014.

[41] MOHD S L, SHAKIRAH J A, ABDUL M W H A W, et al. High-Resolution Hydrological-Hydraulic Modeling of Urban Floods Using InfoWorks ICM[J]. Sustainability, 2021, 13(18): 10259-10279.

[42] 刘华超, 梁风超, 徐薇, 等. 基于 Infoworks ICM 的城市排水 (雨水) 系统排水能力及内涝风险评估[J]. 城市道桥与防洪, 2021, (12): 71-76.

[43] 戎贵文, 甘丹妮, 李姗姗, 等. 不同 LID 设施的面积比例优选及径流污染控制效果[J]. 水资源保护,

2022, 38(3): 168-173+204.

[44] 蒋海红. 基于 Infoworks ICM 模型的万州城区海绵城市试点建设雨水径流总量模拟分析[D]. 重庆: 重庆交通大学, 2019.

[45] 吕凤维, 陈垚, 刘非, 等. 不同空间布局下 LID 设施径流控制效果模拟研究[J]. 中国农村水利水电, 2023, (3): 120-129+43.

[46] 吕永鹏. 《城镇内涝防治系统数学模型构建和应用规程》解读[J]. 给水排水, 2020, 56(5): 149-153.

[47] OU J, LI J, LI X, et al. Planning and Design Strategies for Green Stormwater Infrastructure from an Urban Design Perspective[J]. Water, 2023, 16(1): 29-48.

[48] 田敏, 任建民, 刘碧云, 等. 基于 SWMM 模型与成本效益的 LID 径流控制效果研究[J]. 水文, 2023, 43(5): 89-94+100.

[49] MOORE T L C, HUNT W F. Predicting the carbon footprint of urban stormwater infrastructure[J]. Ecological Engineering, 2013, 58: 44-51.

[50] 马洁, 武小钢. 海绵城市典型措施碳排放研究[J]. 中国城市林业, 2018, 16(2): 27-32.

[51] IAN C, JOHN K, 崔玉忠. 传统路面与透水混凝土路面砖路面隐含碳量的评价[J]. 建筑砌块与砌块建筑, 2012, (3): 32-35+25.

[52] 北京市规划和自然资源委员会. 海绵城市雨水控制与利用工程设计规范: DB11/685—2021[S]. 北京: 中国建筑工业出版社, 2021.

[53] 龙昊宇, 黄彬彬, 翁白莎, 等. MnO$_2$@Fe$_3$O$_4$/石墨烯复合材料对水中 Pb（Ⅱ）的吸附[J]. 中国环境科学, 2020, 40(7): 2888-2900.

[54] 宋永伟, 罗浩伟, 杨俊, 等. Behnken 设计优化制备高比表面积柚皮基生物炭及其亚甲基蓝吸附机理研究[J]. 中国环境科学, 2023, 43(12): 6363-6373.

[55] 陈洁. 典型 LID 设施对地表径流控制过程的模拟研究[D]. 天津: 天津大学, 2022.

[56] 杨少平, 胡爱兵, 任心欣. 基于模型的海绵型道路年径流总量控制率影响因素研究[J]. 建设科技, 2019, (7): 31-36.

[57] 封天雨, 雷晓辉, 王家彪, 等. 基于 Infoworks ICM 模型的沿海城市暴雨内涝分析[J]. 水电能源科学, 2023, 41(6): 64-68.

[58] 李胜海, 陈思, 白静, 等. 山地城市市政道路低影响开发雨水系统设计与构建[J]. 中国给水排水, 2018, 34(20): 60-62.

[59] 戎贵文, 李姗姗, 甘丹妮, 等. 不同 LID 组合对水质水量影响及成本效益分析[J]. 南水北调与水利科技 (中英文), 2022, 20(1): 21-29.

[60] 韦玮, 杨青. 高速公路海绵服务区 LID 设施研究[J]. 大众科技, 2022, 24(12): 58-60.

[61] 李静, 杨允立, 毛毅. 海绵型建筑与小区综合雨量径流系数计算方法[J]. 环境工程学报, 2020, 14(10): 2876-2881.

[62] 张金萍, 张朝阳, 左其亭. 极端暴雨下城市内涝模拟与应急响应能力评估[J]. 郑州大学学报 (工学版), 2023, 44(2): 30-37.

[63] DONG X, GUO H, ZENG S. Enhancing future resilience in urban drainage system: Green versus grey infrastructure[J]. Water research, 2017, 124: 280-289.

[64] 黄蓉姿, 万金泉, 马邕文, 等. 正交实验选择纤维素酶产生菌的最优综合培养条件[J]. 中国环境科学, 2012, 32(1): 130-135.

[65] 严渊, 马娇, 党鸿钟, 等. 正交试验优化垂直潜流人工湿地实现短程硝化[J]. 中国环境科学, 2023, 43(3): 1177-1185.

[66] 李光耀, 陈强, 郭文凯, 等. 基于正交试验的臭氧及其前体物的非线性响应及控制方案[J]. 环境科学, 2021, 42(2): 616-623.

[67] 寇亮, 杨玉宏, 林勤, 等. 正交试验优化盐酸普鲁卡因合成工艺[J]. 西北民族大学学报 (自然科学版), 2013, 34(3): 13-16.

[68] 张孝存, 王凤来. 建筑工程碳排放计量[M]. 北京:机械工业出版社, 2022.

[69] 程志强, 方火明, 董晓磊, 等. 城镇给水系统运行碳核算与碳减排策略研究[J]. 中国给水排水, 2024, 40(14): 13-18.

[70] 王江坤. 基于 SWMM 模型与城市扩张模拟的海绵城市多目标优化[D]. 哈尔滨: 哈尔滨工业大学, 2021.

[71] 刘爽. 基于熵权 TOPSIS 法的 K 公司服务质量优化研究[D]. 北京: 中国政法大学, 2022.

[72] 中央财经大学绿色金融国际研究院. IIGF 观点 | 2022 中国碳市场年报[Z]. 2023.

[73] PENG Y, WANG Y, CHEN H, et al. Carbon reduction potential of a rain garden: A cradle-to-grave life cycle carbon footprint assessment[J]. Journal of Cleaner Production, 2024, 434: 139806-139819.

[74] CAI Y, ZHAO Y, WEI T, et al. Utilization of constructed wetland technology in China's sponge city scheme under carbon neutral vision[J]. Journal of Water Process Engineering, 2023, 53: 103828-103841.

[75] SU X, SHAO W, LIU J, et al. How does sponge city construction affect carbon emission from integrated urban drainage system?[J]. Journal of Cleaner Production, 2022, 363: 132959-132607.

[76] 林晓虎, 任婕, 乔俊莲, 等. 海绵城市建设中碳排放核算研究进展及探析[J]. 资源节约与环保, 2018, 33(3): 42-44.

[77] MOORE T L, HUNT W F. Developing a carbon footprint of urban stormwater infrastructure[C]. World Environmental and Water Resources Congress, 2012: Crossing Boundaries, 2012.

[78] BIBI T S, KARA K G. Evaluation of climate change, urbanization, and low-impact development practices on urban flooding[J]. Heliyon, 2023, 9(1): 12955-12971.

[79] LI S, WANG Z, WU X, et al. A novel spatial optimization approach for the cost-effectiveness improvement of LID practices based on SWMM-FTC[J]. Journal of Environmental Management, 2022, 307: 114574-114585.

[80] 欧阳辉, 沈海勤. 雨水、杂排水回用系统在某绿色建筑的应用[J]. 给水排水, 2022, 58(S1): 323-327.

[81] O'SULLIVAN A D, WICKE D, HENGEN T J, et al. Life Cycle Assessment modelling of stormwater treatment systems[J]. Journal of Environmental Management, 2015, 149: 236-244.

[82] 周范文. 低碳经济理念下绿地景观格局优化方法研究[J]. 环境科学与管理, 2018, 43(11): 160-166.

[83] 李顿. 基于 LCA 的城市道路养护工程施工活动及交通影响碳排放研究[D]. 西安: 长安大学, 2019.

[84] 李晓锋, 王荔, 栾承志, 等. 基于实际地铁线路的全生命周期碳排放研究[J]. 都市快轨交通, 2024, 37(1):82-87.

[85] LIANG C, ZHANG X, LIU J, et al. Determination of the cost-benefit efficient interval for sponge city construction by a multi-objective optimization model[J]. Frontiers in Environmental Science, 2023, 10: 1072505.

[86] SHEN H, XU Z. Monitoring and Evaluating Rainfall–Runoff Control Effects of a Low Impact Development System in Future Science Park of Beijing[J]. JAWRA Journal of the American Water Resources Association, 2021, 57(4): 638-651.

[87] PATEL P, KARMAKAR S, GHOSH S, et al. Impact of green roofs on heavy rainfall in tropical, coastal urban area[J]. Environmental Research Letters, 2021, 16(7): 74051-74063.

[88] CHEN J, WANG S, WU R. Optimization of the integrated green-gray-blue system to deal with urban flood under multi-objective decision-making[J]. Water Science and Technology, 2023, 89(2): 434-453.

[89] REZAEI A R, ISMAIL Z, NIKSOKHAN M H, et al. Optimal implementation of low impact development for urban stormwater quantity and quality control using multi-objective optimization[J]. ENVIRONMENTAL MONITORING AND ASSESSMENT, 2021, 193(4): 1-22.

[90] YANG B, XU T, SHI L. Analysis on sustainable urban development levels and trends in China's cities[J]. Journal of Cleaner Production, 2017, 141: 868-880.

[91] ZHI X, XIAO Y, CHEN L, et al. Integrating cost-effectiveness optimization and robustness analysis for low impact development practices design[J]. Resources Conservation and Recycling, 2022, 185: 106491-106501.

[92] WU J , CHEN Y , YANG R , et al.Exploring the Optimal Cost-Benefit Solution for a Low Impact Development Layout by Zoning, as Well as Considering the Inundation Duration and Inundation Depth[J].Sustainability, 2020, 12. 4990-5010.

[93] 李昊天, 汪永丰, 郭玮, 等. 海绵城市设施运行阶段碳排放核算及碳减排路径分析[J]. 环境监测管理与技术, 2024, 36(6): 11-17.

[94] ZHU H, YU M, ZHU J, et al. Simulation study on effect of permeable pavement on reducing flood risk of urban runoff[J]. International Journal of Transportation Science and Technology, 2019, 8(4): 373-382.

[95] MIJIN S , FOUAD J , RAGHAVAN S. Evaluating Various Low-Impact Development Scenarios for Optimal Design Criteria Development[J].Water, 2017, 9(4): 270-289.

[96] LI C, ZHANG Y, WANG C, et al. Stormwater and flood simulation of sponge city and LID mitigation benefit assessment[J]. Environmental Science and Pollution Research, 2023: 1-17.

[97] 陈碧宜. 基于气候变化的低影响开发设施径流量和碳排放控制研究[D]. 广州:广州大学, 2022.

[98] 高鸿雁. 天水城市风貌规划策略研究[D]. 西安:西安建筑科技大学, 2015.